城市规划快题设计
·方法与实例·

Methods and Examples
of Urban Planning Design Sketch

王夏露　谷　溢　徐志伟　主编

江苏凤凰科学技术出版社

图书在版编目（ＣＩＰ）数据

城市规划快题设计方法与实例 ／ 王夏露，谷溢，徐
志伟主编． -- 南京 ：江苏凤凰科学技术出版社，2019.3
　　ISBN 978-7-5537-9972-8

　　Ⅰ．①城… Ⅱ．①王… ②谷… ③徐… Ⅲ．①城市规
划-建筑设计 Ⅳ．①TU984

　　中国版本图书馆CIP数据核字(2018)第294166号

城市规划快题设计方法与实例

主　　　　编	王夏露　谷　溢　徐志伟
项 目 策 划	凤凰空间／刘立颖　庞　冬
责 任 编 辑	刘屹立　赵　研
特 约 编 辑	庞　冬

出 版 发 行	江苏凤凰科学技术出版社
出版社地址	南京市湖南路1号A楼，邮编：210009
出版社网址	http://www.pspress.cn
总 　经 　销	天津凤凰空间文化传媒有限公司
总经销网址	http://www.ifengspace.cn
印　　　　刷	天津图文方嘉印刷有限公司

开　　　　本	889 mm×1 194 mm　1／16
印　　　　张	10.5
版　　　　次	2019年3月第1版
印　　　　次	2019年3月第1次印刷

标 准 书 号	ISBN 978-7-5537-9972-8
定　　　　价	69.80元

图书如有印装质量问题，可随时向销售部调换（电话：022-87893668）。

本书编委会

主　　编: 王夏露　谷　溢　徐志伟

编委成员（排名不分先后）:

李国胜　马　禹　饶　勇　徐　艳　周锦绣　何云杰

陈路遥　程　功　黄向前　焦盼盼　卢伟娜　孙晨霞

韩国强　祝　永　沙　龙　王　鹏　周　鸽

前 言

　　我对手绘的理解经历了一个蜕变的过程。2000 年左右正是电脑技术突飞猛进的年代，本科的同学们都以能使用 Photoshop 和 3d Max 做设计和表现为骄傲。那时的我也是颇为不屑于手工绘图和效果表现；直到考上了天津大学建筑学院，遇到了改变我职业生涯轨迹的陈天教授，我才知道自己以前对设计、手绘的认知是多么肤浅和幼稚。在我的老师看来，用手在纸上画图就像用筷子吃饭一样顺理成章——不论过程草图、最终方案还是效果表现，手绘就是设计方法，而不仅仅是表现手段。从读硕士到工作，从工作到读博士，再从博士毕业到进入高校任教，我用了 15 年的时间来体悟母校和导师传授给我的关于设计与手绘的奇妙关系。

　　用眼睛看、用喉咙唱、用双手画，这既是先天的本能，也是后天的技能。说它是本能，因为正常人生来就会这些表达自我的方式；说它是技能，则因为只有在专业需求的规范和约束下，这种本能才可能成为一种高效而强大的工作方式。我一直反对快餐式的手绘学习，反对将手绘作为炫技的卖点，反对将手绘包装得玄之又玄，让人望而生畏，尤其是在城市规划、城市设计、景观设计等专业的学习中。切记不要为了手绘而手绘，而要为了设计而手绘，只有言之有物，才能绘之有魂；这也是我参与主编本书的初衷。

　　我理想中的手绘教育不是因应试而生，而是因沟通而生。希望年轻的学子在进入设计工作十几年后，依然热衷于用手绘来表达他们对于专业内容的理解和阐述；不仅仅是在校的学生出于主动或被动的原因而学习手绘，还希望越来越多的规划师、设计师都学习或使用手绘。让我们用最简单、最直接、最富有活力和表现力的方法传达设计理念，实现设计意图，真正实现"设计让生活更美好"的简单而质朴的职业目标。

谷溢

2018 年 4 月

于郑州大学工科园建筑学院匠心社工作室

目 录

第一章　城市规划快题设计的基本概述

Overview of Urban Planning Design Sketch

◆城市规划快题设计的基本概念

◆城市规划快题考试的基本要求

◆城市规划快题设计的基本类型

◆近几年各大高校快题设计的命题方向解读及趋势分析

一、城市规划快题设计的基本概念

城市规划快题设计通常称为快题设计，又称快速设计，是要求考生在规定时间内（6～8小时）完成相应规定设计内容的考试类型。城市规划快题设计作为规划理论与实践相结合的重要环节，也是考查考生城市基本认知、规划基本知识、职业基本素养的重要方式。同时作为城乡规划学科硕士及博士研究生入学考试的重要考查内容，通常要求考生在给定的设计要求下，以徒手方案表达，进行快速方案构思与表现，完成相应的图纸绘制。徒手方案是建筑师、规划师的灵感最直接、最快速的体现，只有拥有扎实的基本功，才能准确运用徒手绘制的方式表达出被人理解的设计理念与方案。因此高等院校规划专业一直非常注重培养学生徒手方案的表达能力，也特别重视城市规划快题的考试训练。

二、城市规划快题考试的基本要求

1. 城市认知能力

"城市认识""城市认知"，一字之差，体现了主体对城市这个复杂有机体截然不同的理解程度。其中"认识"是指主体搜集客观知识的主动行为，是认识意识的表现形式，而"认知"是指人们获得知识或应用知识的过程，以及信息加工的过程，这是人最基本的心理过程。城市认知指导空间实践主要是通过"城市环境—心理感知—空间转译"的过程来完成空间设计的。首先分析基地环境，包括对基地特质的解读，从自然与人文的双重角度深入了解基地环境。在此基础上，通过空间营建主体深入分析，把握基地特质，指导空间形态优化设计、功能布局。从这个角度而言，快题设计便是城市认知能力的体现，空间感知、审美感知等主体心理感知过程，是对基地环境、空间场所的体验与建构，是设计的源泉之一。

2. 规划实践能力

规划实践能力主要包括空间塑形能力和对相关行业规划的掌握及运用能力。空间的塑形表达是建立在相关规范基础之上的，如规划首先应满足相关法律法规，在此基础上寻求艺术性和实用性的统一。一个好的规划绝不应脱离实际，而亦应该考虑实施性。

对于空间形态而言，不同的形态表达能够刻画不同的空间氛围。空间塑形主要围绕空间要素展开，规划快题设计的基本空间要素包括建筑、道路、外部环境三个方面。建筑实体是实现功能与形成整体的基石，道路系统构成空间的骨架，外部环境则是实现空间环境氛围的组成，三者和而不同。以外部环境组织为例，外部环境设计通常围绕广场、庭院、绿化、水体等展开。广场作为公共活动场所，一般位于道路交汇处、片区中心位置等地段，设计应体现文化内涵与形象特征，发挥形态控制中心和形象中心的作用，可根据城市公共性广场、功能区中心广场、节点广场、步行联系广场和建筑周边广场的功能使用来设计。除了要具备空间塑形的基本能力外，多接触一些行业规划类型，对于快速切入考试的帮助非常大。

3. 逻辑思维能力

规划快题设计能力是规划师职业素养的集中体现，在规划快题方案设计和图面效果呈现的过程中，考生应以一名职业规划师的思路去认识城市、解析快题。从规划师的思维出发，一般解题逻辑可以大致分为五步：环境剖析＋目标制定＋结构生成＋空间布局＋图面表达。其中环境剖析是快题设计的前提，主要是对基地周边环境、地块地形等基本要素的把握，依山就势的灵活处理与因地制宜的设计，将设计与自然有机融合。在环境剖析的基础上进行目标制定，制定基地的发展目标和理想愿景。根据发展目标生成规划设计的结构形态，进一步明晰空间布局结构，为空间布局做准备，结构明晰是空间合理布局的基础。最后是图面表达，力求图面清晰、整洁美观，图纸要素完备（包括总平面图、结构图、技术经济指标表等）。

三、城市规划快题设计的基本类型

从土地开发方式来看，可以分为增量和存量规划；从基地所处的背景环境来看，可以分为乡村规划和城市规划；从城乡规划编制层次来看，可以分为总体规划、详细规划和城市设计。总体规划、详细规划内容庞杂，短时间内难以全面考查考生的设计能力。因此规划快题考试通常考查的层面为修建性详细规划，当然也不能完全排除考查控制性详细规划、总体规划的可能。通常考查的基地面积以15～20公顷居多。

按照基地的空间发展愿景及目标建构，通常可以将规划快题类型分为居住区规划、校园规划、商业区规划、中心区规划、CBD中央商务区规划、旧城更新规划、城镇规划、乡村规划和综合规划九种类型。题目类型不同，相应的关注重点和空间营建路径也不尽相同。

1. 案例一：居住区规划设计

居住区是指具有一定的人口和用地规模，并集中布置居住建筑、公共建筑、绿地、道路以及其他各种工程设施，被城市街道或自然界限所包围的相对独立地区。居住区是城市居民以群集聚居，形成规模不等的居住地段，按照规模大小可以分为居住区（人口：30 000～50 000；用地：50～100公顷）、居住小区（人口：7000～15 000；用地：10～35公顷）和居住组团（人口：1000～3000；用地：4～6公顷）三类。快题考试中的居住区设计类型主要为居住小区或居住组团。

（1）功能构成

居住及其相关生活配套的公共服务功能。

（2）设计要点

需求导向的功能分区（功能、高度分区）：研判地块所处的区位条件以及周围的道路层级关系，结合上位相关设计指标要求，从地块功能、形象展示两方面需求出发，谋划地块的功能分区（居住区及配套设施，如社区商业、幼儿园、会所等区域），以及相应的高度分区（高层住宅、小高层住宅、多层住宅和别墅群）。一般可以结合主干道布置商业服务区，高层、小高层建筑区，结合主要出入口布置社区会所和幼儿园，结合基地环境条件较佳的区域布置别墅群等。

层次清晰的结构设计（轴线、节点设计）：根据功能布局及高度分区，展开基地的空间结构设计。注意基地空间布局的主轴与次轴、多轴与单轴、实轴与虚轴的关系，并结合主要出入口和中心区域优化景观节点设计，明确主次层级关系。

高度匹配的交通组织（动态、静态交通组织）：根据空间结构组织高度匹配的路网形式（环式、鱼骨式等），细化道路层级设计，合理组织动态与静态交通（结合主要出入口布置停车场及地下停车系统）。此外，还应注意开放式街区等热点问题在居住区快题中的应用，如小街区、密路网形式下住宅建筑组团尺度、沿街商业的密集开发、出入口组织及动静态交通设计等。

2. 案例二：历史文化街区规划设计

历史文化街区是指经省、自治区、直辖市人民政府核定公布的保存文物特别丰富、历史建筑集中成片、能够较完整和真实地体现传统格局和历史风貌，并有一定规模的地区。此外，《文物保护法》中对历史文化街区的定义，是指法定保护的区域，又称历史地段。

（1）功能构成

居住功能、休闲旅游服务功能、酒店接待功能、文化展示功能、文化演艺功能。

（2）设计要点

通脉活血，古今交融。明晰基地内的重要历史文脉（古街道、山体等重要历史环境），重点考虑历史文脉的功能作用，功能布局、交通流线如何衔接。如果文脉是道路等虚体环境，应注重考虑如何通过路径设计激活脉络；如果文脉是物质功能空间，则应考虑规划功能布局如何衔接的问题，以此实现空间的协调发展。

肌理塑造，感知历史。如何布局历史地段的建筑肌理，以示尊重"历史环境"，是出题者考查的一个重要方向。合理控制建

筑体量的大小，有序地塑造建筑组团肌理是尊重"历史环境"的重要维度。历史地段通常以小尺度的建筑肌理组成，通过消解自身，来呼应历史，进而突出历史。除此之外，在确定功能分区的情况下，建筑肌理应当疏密有序，建筑布局适当留有"余地"；或者利用"文脉"，以创造特色功能空间，再现历史。

场所营建，彰显特色。历史地段是"文脉"的遗留之地，应当利用这些文化脉络，营建富有特色的场所空间，使进入空间的人感受历史文化，从而彰显基地空间的设计特色。在功能布局、交通组织的基础上，根据"文化遗存"建构具有特色的空间精神，感知空间轴线、视线通廊等，确定轴线上开敞空间的序列（如入口空间、核心展示空间、出口空间等），合理选择各个公共空间位置，营建场所环境。由空间轴线、视线通廊串联起不同功能的开敞空间，从而体现历史地段地块内空间的内涵表征，并彰显地块空间的设计特色。

3. 案例三：旧城更新规划设计

旧城更新是指针对城市内部老旧中心，局部或者整体地块，有步骤地改造和更新其内部空间，通过新功能的植入，以改善其环境氛围。其方式主要为重建、整建和保留修护三种。

（1）功能构成

保留建筑区、拟改造区、新建公共服务设施区、居住区等功能板块。

（2）设计要点

寻脉：仔细阅读题目，分析拟保留、拆除片区的空间关系及功能联系，深入挖掘题目中的拟保留、改造片区的内涵，挑出基地环境中的"保留绿地、文保单位、山体"等重要因素，在空间轴线组织中着重考虑。

把脉：根据基地环境中甄选出的重要"文化""价值"因素及未来功能提升的核心板块，确定空间的轴线关系，结合片区改造、升级的重点内容，合理布置各个功能片区。

理脉：细化空间轴线、视线、组团内部及组团间的流线设计，强化功能片区之间的功能和交通联系。此外，根据提升内容对改造片区的节点环境进行提升、重塑。

4. 案例四：中心区规划设计

城市中心区是指建成区内社会经济和土地开发活动最密集的那部分地域范围，是城市公共活动体系的核心，也是城市政治、经济、文化等公共活动最集中的地区。

（1）功能构成

文化功能区、居住区、商务办公区、行政区、商业服务区和公园游憩区六大板块。

（2）设计要点

功能布局：中心区的空间布局应该综合考虑其所处的城市环境。如何根据基地周围的地块功能构成、交通条件以及其内部的自然、人文要素，结合任务书功能要求谋划其空间布局是考生需要重点考虑的问题。

结构梳理：结合功能布局综合考虑基地开敞空间，梳理中心区的空间结构，营造城市中心区舒适的休闲体验环境。空间结构的梳理可以重点围绕开敞空间展开，开敞空间的位置、尺度不同，进入者的主观感受也会不同。整体而言，进入者应呈现出由"进入—高潮—退出"的空间心理感受，开敞空间组织应呈现出一定的递进关系和秩序感。

交通组织：基地内部交通的组织应该考虑周边的道路等级。例如，城市主干道应尽量避免开辟车行出入口，面向主干道展开组织主要的景观步行轴线，尽可能在城市内部营造出宜人的步行环境。基地的停车系统也是重点考查的内容，应结合出入口，考虑地上和地下停车场，满足停车需求。

四、近几年各大高校快题设计的命题方向解读及趋势分析

1. 快题设计的命题方向解读

仅以 2011—2015 年西安建筑科技大学、武汉大学、华南理工大学、郑州大学等学校研究生入学考试的典型快题设计考题为基础，展开分析研究，剖析近年来部分院校规划快题的命题方向。

从表 1-1 中可以看到，题目类型涉及城市中心区、旅游服务度假区、产业园区、居住区、综合办公、旧城更新等。2011—2012 年旅游服务基地规划设计较为常见，其中也不乏城市中心区、产业园区设计。以 2011 年华南理工大学考试题目——水乡旅游综合服务区规划设计为例，基地位于南方某大城市风景名胜区内，基地面积 9.44 公顷，主要涉及内容为主题演艺中心、旅游宾馆、旅游商业街、风景名胜区管理中心、巴士车站等。功能板块涉及商业、演艺、住宿、服务四大板块。2013—2014 年以城市商业、商务办公综合区为主，同时涉及产业园区和广场设计

表 1-1　2011—2015 年部分院校规划快题命题方向分析

年份	题目	类型	院校
2011	北方某大城市新区——中心片区规划（初试）	城市中心区	西安建筑科技大学
	城市风貌区改造规划设计	旧城更新	武汉大学
	水乡旅游综合服务区规划设计	旅游度假区	华南理工大学
2012	临潼商业旅游文化服务区（初试）	旅游服务区	西安建筑科技大学
	文化创意产业园规划设计	产业园区	武汉大学
2013	大学科技园科教研发区（初试）	产业园区	西安建筑科技大学
	灰汤温泉旅游疗养度假区（复试）	旅游度假区	西安建筑科技大学
	文化广场规划设计	广场设计	武汉大学
	某海岛码头区域修建性详细规划	商业综合区	华南理工大学
	居住中心及社区中心修建性详细规划	居住区	郑州大学
2014	某大城市企业总部基地（初试）	商务办公综合区	西安建筑科技大学
	城市商业用地地段设计（复试）	商业综合区	西安建筑科技大学
	城市边缘区居住区规划设计	居住区	武汉大学
2015	北方某大城市老城区旧城改造更新（初试）	旧城更新	西安建筑科技大学
	城市旧片区更新改造策划（复试）	旧城更新	西安建筑科技大学
	古城历史文化街区设计	旧城更新	武汉大学

等内容。以2014年西安建筑科技大学考试题目——某大城市企业总部基地为例，基地为城市中心区异形用地，面积40公顷左右，主要涉及总部办公、科研孵化、居住、金融服务、培训五大功能板块。从2015年武汉大学和西安建筑科技大学初试、复试考试题目中可以看出，均加强了对于历史地段、旧城中心改造等存量规划内容的考查。

2. 趋势分析

首先，规划快题的基本价值取向均以空间形态塑造为基础。基地的面积有大小之分，在空间形态表达程度上也应有所区别，从宏观空间把控到微观场所营建均应得到重视。其次，规划方案的落地性使得基地发展策划成为快题考试中的一个组成部分，对行动规划应更加关注。增量转存是近年来学界的一个热点，近年来对于城市老旧空间的更新改造成为热点，借此可以看出考生对城市的认知能力水平。最后，对乡村及城镇物质空间的关注逐渐凸显，如何在方案中去"城市化"，融于自然将是一个重要方向。

（1）从宏观空间把控走向微观场所营建

常见的城市规划快题设计的基地面积为5～60公顷，在相应的考试时间内，大小不等的基地范围对考生试卷图面的效果、平面表达深入程度的要求也不尽相同。如2013年武汉大学的考试题目为广场设计，这就要求考生具备相应的构成、景观、场地设计等方面的专业素养。不仅如此，在小基地的规划快题设计中，对地块建筑单体、建筑立面的考查也时常出现，具备一定的建筑构造和设计能力也非常重要。如西安建筑科技大学2014年复试快题中考查了1∶500的平面图绘制设计。由此可见，对于一名规划快题应试者而言，从40～60公顷"巨地块"的方案设计到5～10公顷"微地块"的场所塑造都应有所了解，不能顾此失彼（图1-1）。

（2）从空间形态表达走向城市发展策划

空间与形态塑造效果是最能体现考生水平和能力的维度，也是判断是否为一份高分试卷的重要标准。快题考试中的图面空间形态关系是指建筑组团的图底关系、各功能组团之间的空间结构关系。然而，近年来某些院校对考生能力的考查不再局限于图面空间形态效果的呈现，更加注重方案的落地性。在快题设计的任务书中减少绘制效果图、增加地块发展策划的板块，强化对考生地块策划能力的考查。因而，快题中的发展策划板块也逐步成为快题试卷中的有机组成部分。发展策划涉及功能架构、项目落位、造价收益等诸多方面，对考生的综合能力要求也相应提高。

（3）从空间增量开发走向存量更新研究

进入"十三五"，对诸多城市而言，城市开发建设也进入转型发展的新时期，从以增量开发转向以存量盘活、有机更新的过程。增量转存在近年来的城市规划快题考试中也有所体现，如西安建筑科技大学2015年的初试题目。在城市空间发展中也面临着城市老旧空间的更新、历史地段的重新整治等问题。城市老旧空间作为城市文化荟萃之地、土地权属复杂交织之地，是最能体现城市空间特质的典型区域。如何在老旧空间的开发整治过程中，从权属划分、文化传承、功能构成、交通组织等方面深入考虑做出重要回应，是该类快题考查的一个重要方向。

（4）从城市空间发展走向村镇人居探索

随着美丽乡村建设的开展，对乡村及城镇物质空间的关注逐渐凸显。在城市规划快题设计的应试准备中，应多关注乡村规划、城镇规划。如2014年、2015年西安建筑科技大学城市规划专业快题设计的周题目均以乡村为背景展开，涉及乡村发展战略、基础设施规划、住宅单元设计、工程预算造价等方面。

乡村规划快题设计从任务解读、愿景目标、结构规划、空间布局、肌理形式都应与传统的城市空间设计有所区别。乡村、城镇所处的环境不同于城市空间，相对于城市空间，乡村、城镇更加有机地融于自然怀抱之中。因此对于乡村规划快题的探索应该从乡村自身环境特质出发，从乡村人的需求出发，乡村空间规划中应去"城市化"，使空间融于乡村环境之中，营造具有浓郁乡村气息的人居空间。

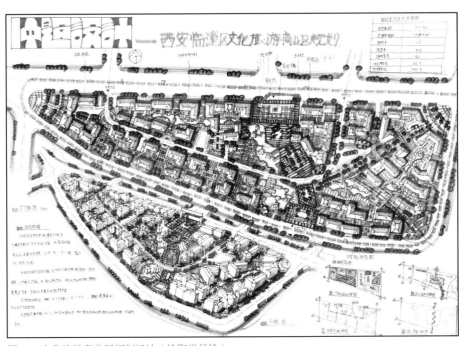

图1-1 文化旅游商业区规划设计（绘聚学员绘）

第二章　城市规划快题设计的基本方法
The Basic Method of Urban Planning Design Sketch

◆城市规划快题设计的基本内容
◆城市规划快题设计的考前准备
◆城市规划快题设计的解题步骤
◆快题设计的时间分配

一、城市规划快题设计的基本内容

时间——合理分配时间（前期重心放在方案上，后期必须提速度，考试时按照平面图 4 ~ 4.5 小时，分析图 0.5 小时，鸟瞰图 1 小时，其他补充内容 0.5 小时）。

方案——快题设计必须在有效的时间内审题、抓住题眼、突出重点、符合题意。

1. 快速审题，抓住重点

（1）分析题眼，避开陷阱

仔细阅读题目材料，根据题目条件了解地段所在城市或地区的整体情况，明确任务书要求。通过解读任务书，分析题目所给的已知条件和隐含条件，明确哪些是可以利用的条件，哪些是需要避开的陷阱。例如，规划地块在城市中所处的区位决定其充当的角色，城市道路等级对地段开口具有一定的要求和限制，周边用地性质对地段的影响，周边的自然山体、水体和文物古迹能否与地块内部交相呼应等。

（2）确定对象，明确目标

明确任务书对地段性质的定位以及各类建筑的建筑面积要求，通过容积率大致估算出该地段的建筑密度，不同类型建筑的层数，通过地块周边的环境因素分析出不同功能的位置，进一步明确设计目标。

2. 快速构思，解决矛盾

（1）区位研究，结构规划

设计构思首先是对地块的整体规划结构进行研究，形成符合地段特征和任务要求的规划结构。正确处理基地与城市之间的关系，把握好道路和主要步行出入口的位置；功能组团的布局要清晰，用地布局的组织要合理。

（2）风貌控制，形态协调统一

依据规划结构进行整个地段的风貌控制和建筑群体形态设计；尤其是地块周边、临近城市历史文化风貌区或者有历史建筑的历史保留地块等。根据条件的限制程度，考虑对传统风貌的建筑形态进行延续，保留传统建筑元素，如坡屋顶、围合式布局形式等；另外，在建筑的色彩和材质上也可以适当进行呼应。

3. 快速设计，清晰表达

（1）平面图

图纸中需要表达的内容包括：

指北针、图名、比例尺；

周围道路性质（主干道、次干道、支路）、名称以及周围地块的类型（居住、商业、公园），主次车行、人行出入口，地下停车场出入口；

重要建筑、主要节点、建筑层数、建筑名称的标注（图2-1、图2-2）。

图 2-1 某居住区规划设计（绘聚学员绘）

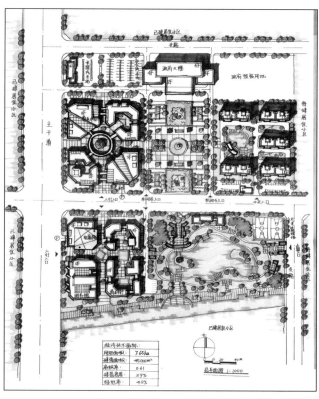

图 2-2 某城市中心综合规划设计（绘聚学员绘）

（2）鸟瞰图

表达上需要注意的地方有：保证透视正确；主要突出表达轴线、重要建筑、主要节点；线条清晰，色彩搭配得当；阴影表达正确，明暗关系突出（图2-3、图2-4）。

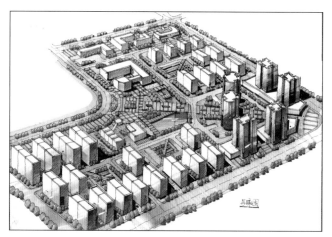

图2-3 某居住区鸟瞰图（绘聚学员绘）

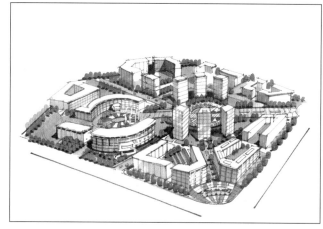

图2-4 某商业中心鸟瞰图（绘聚学员绘）

（3）分析图

表达上需要注意的地方有：色彩搭配不能太突兀，几个分析图之间画法要统一，图例表达要统一。

有的题目还包括：沿街立面效果图、节点放大图、竖向规划图（分析图）、剖面图、项目策划等。

图例有三种表达方式：直接在分析图上标注；拉线条，用箭头标注；在分析图旁边画图例标注（图2-5～图2-7）。

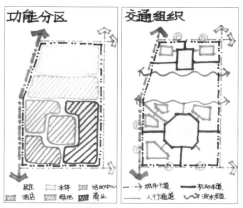

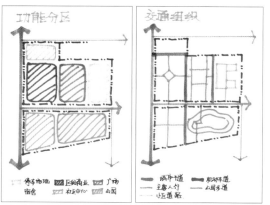

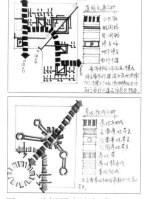

图2-5 分析图表达方式（一）（绘聚学员绘）　　图2-6 分析图表达方式（二）（绘聚学员绘）　　图2-7 分析图表达方式（三）（绘聚学员绘）

（4）设计说明

文字类的设计说明、技术经济指标、项目策划等，要在排版时预留位置，最好能成组出现。设计说明学会分点叙述，如功能上、道路上、景观上。平时可以多积累一些小图，穿插在文字中加以辅助，图文并茂，效果才会更好。

（5）技术经济指标

必须要写的数据：总用地面积（单位用公顷/平方米），建筑面积（单位用平方米/平方千米），容积率（单位用％），绿地率（单位用％），建筑密度（写零点几，如0.46，不用百分号）。题目中如果提到停车要求，则要加上地面停车位的个数。

（6）用色建议

冷暖色调要统一；低纯度，高明度用色；黑白灰关系明确——"敢用重色"；大面积颜色中，运用补色或高纯度的颜色做小范围的点缀；注重环境色的影响（图2-8）。

图 2-8 标题表达示例（张许乐绘）

二、城市规划快题设计的考前准备

1. 知识和能力的准备

（1）表现训练

钢笔练习，主要针对线条的练习，保证平面图中建筑表达有力度。线条练习中无论是直线还是抖线都要肯定且有张力，这样画出来的平面图才会比较饱满。

画面的虚实关系要清晰，特别是平面图，建筑、广场、道路可以通过线条的疏密关系来进行区分，注意图面的层次感。

透视感，主要针对鸟瞰图的画法，使考生在有限的时间内，既快又好地呈现出方案的效果；透视应遵循近大远小、近实远虚的原则。

马克笔练习，主要包括色彩搭配与使用笔法练习，关乎方案的整洁度与表达力。建议考生在备考阶段就准备两到三套自己比较常用的色彩搭配，勤加练习；另外，马克笔的笔触要肯定有力。

（2）方案训练

方案的能力：最基础的方案优劣判断，培养自己的设计能力以及对方案的思考能力。

推荐书目：能提高自己方案能力的参考书或专业书。

方案的训练和准备：制订复习计划，有针对性地练习。

题目类型：针对不同类型的题目有针对性地训练，尽量覆盖各种题型，做到有备无患，并在常考的题型上多做练习。

2. 工具的准备

（1）笔类

铅笔：2 ～ 6B 的软铅笔用来画构思草图，HB ～ 2B 的硬铅笔用来画一些控制线和细节，0.5 ～ 0.7B 的自动铅笔一支。

墨线笔：晨光会议笔、白雪针管笔、钢笔或其他。

马克笔：主要根据各目标院校的要求和偏好来定。色彩和马克笔功底比较弱的同学，建议多用灰色系，浅灰到黑的各个层次的都要有。

（2）纸类

草图纸：用来构思的要提前裁好，裁成自己用着最顺手的大小。

硫酸纸：可用白色硫酸纸，略带颜色的也可以。硫酸纸的图显正式，而草图纸皱皱的；硫酸纸比草图纸结实。

绘图纸：A1、A2 的都要准备好，有部分可先打上图框。

（3）其他工具

比例尺、橡皮、刀子、纸胶带、三角板、丁字尺、圆模板、曲线板、圆规等。

三、城市规划快题设计的解题步骤

1. 解读任务书，分析设计现状

（1）气候特征

差异显化，例如，南方不仅雨季历时长，且夏秋季节降水集中，在快题中水系常作为点睛之笔。而华北、西北降水较少，加上垦殖、放牧过度，蓄水抗旱能力差，快题中如无水系，切忌肆无忌惮地引水，用水时应做到来有源、去有因。

（2）周边环境和配套设施

考虑周边用地性质，做到统一协调。主要考虑基地外部主要人流方向和来源，周边功能类型与常年主导风向影响，合理规划地块内部功能布局，在宏观层面应配置的公共服务设施。

周边景观：公园、山、水，务必加以利用，景观轴线、视廊等可形成联系；规划河景住宅、滨水休闲娱乐等。

特殊：历史建筑、历史街区注意保护范围、高度控制，周边建筑形式要协调（如坡屋顶）；变电站、公交总站、垃圾处理等注意防护范围。

（3）用地周边的交通系统

考虑周边道路交通系统、道路等级，结合不同的功能需求进行设计，遵从道路设计规范，道路开口和交叉口的距离，在同一条道路上开口的间距等。考虑沿街立面，整体的天际线，从而进一步指导快题规划布局。

（4）用地的地形、地貌特征

①地形的作用——塑造空间、组织视线、调节局部气候、丰富游人体验、组织地表排水。

自然式——自然地形有一定的高差，形状不规则。

规则式——可根据需要设计高差（用得好，可以给人强烈的视觉冲击，形成极具个性的场所氛围）。

②小高差的常见表现形式。

台阶：必须与前进方向呈90°，10级左右设平台，高30厘米、宽15厘米。

坡道、缓坡：最大斜率1/12，长度不超过10米（单独或结合台阶做无障碍设计）。

台地：结合花池、跌水、特色挡土墙等。

常见做法：垂直绿化、绿地斜坡、丘陵景观、阶梯式花坛、栈道等。

（5）容积率要求

根据题目要求计算容积率大小，题目不一定每次都会给出容积率，未给出时，需根据题目要求判断出容积率的范围值。

（6）建筑层高控制要求

有些题目会给出建筑限高，当周围有历史保护建筑、历史街区时，应注意控制建筑高度，营造统一的风貌。

2. 总体构思，解决矛盾

避免出现规范上的错误和低级的错误，如日照间距不够、消防要求不满足、停车场的画法、停车场距交叉口的距离等规范问题。此外，还有篮球场、排球场之类的尺寸，学校用地中的操场是否正南正北，引水时地形是否满足等。

在构思时应注意以下几点：

①看清题目要求：地块范围、保留因子、周边用地功能、道路关系、景观、指北针（风玫瑰）方向等。

②路网结构：路网要顺畅，分级道路明确；结构要清晰，分区要合理。

③重点突出：4小时快题与6小时快题不同，表达时一定要有重点地深入某一处，不重要的地方用灌木和草坪模糊表达。

④设计思路明确、清晰：建筑序列（高层界面）、景观序列以及两者之间的呼应，地下停车、地面停车（停车场处理得好，会让方案显得有细节和深度），步行流线与主要节点、次要节点之间的联系。

⑤细节：重点部分（如中心、轴线两侧、重要景观节点）要有细节。

3. 深化设计，方案细化

（1）满足题目的要求

①满足题目设计、技术指标、图件相关要求。

②比例严格按照任务书要求，绝不能自定。

③设计说明可以从以下几点作答：

介绍方案的基本概况、方案结构、空间结构、方案功能分区、方案道路交通、方案建筑与景观设计。

（2）标注注意事项

①各个图面中标注图名、比例尺、指北针。

②总平面图中需要标注的内容。

画出场地周边环境的相关内容，如周边用地性质、建筑名称、河流等信息；画出场地外的道路，并标明道路名称；标明场地内关键内容的名称（标志性的建筑、古树等）；标明用地主次道路和人行入口；标明建筑的功能、高度、层数。

③用地周边环境也需要表现，但可以适当弱化，做到主次分明，如古建群、河流、湖泊、山体等。

（3）绘制思维构思图

①构思分析图——展示方案过程（图2-9、图2-10）。

②其他小分析包括：视线分析、建筑组合分析（图2-11）、建筑单体分析、景观分析、自然概况分析、重要保留物的保护与利用分析等。

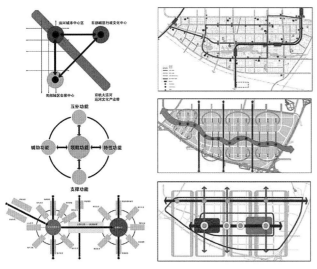

图 2-9 构思分析图示例（一）（图片来源：网络）

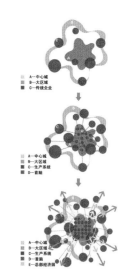

图 2-10 构思分析图示例（二）（图片来源：网络）

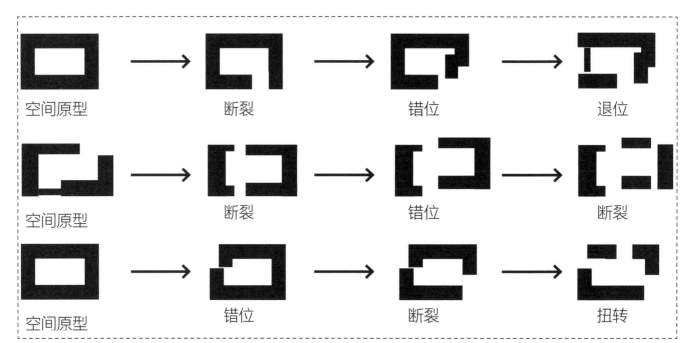

图 2-11 建筑组合方式示例（王夏露绘）

4. 快题设计的设计原则

快题设计考试是水平测试，不是竞赛，不需要天马行空的奇思妙想，首先要稳健，然后在稳中求胜。因此快题设计的主要原则是：

符合规范，没有导致"见光死"的低级错误；

符合题意，没有忽略或误读任务书提供的主要线索；

基本合理，没有明显的功能布局错误；

基本美观，没有明显的反人性的空间组织方式；

有闪光点，能够吸引阅卷老师的眼球。

5. 快题设计过程中常见的问题

硬伤是指设计中存在的严重错误，涉及对城市规划设计规范的基本了解和对任务书的基本把握。这类错误是绝对不能出现的，如果出现硬伤，阅卷老师完全有理由直接将你判出局，即便你在其他地方还有很多可圈可点之处。常见的硬伤主要有以下几类：

硬伤一：建筑密度差异显著。

硬伤二：建筑户型朝向错误、高层楼梯间朝向错误。

硬伤三：日照间距错误。

硬伤四：消防要求明显不达标。

硬伤五：不符合考题设定的建筑要求和图纸要求。

低级错误是指无伤大雅的错误，不会对最终分数有太大的影响，但这些错误会对评委的心理产生不良影响。这些错误只是小的技术性问题，只要细心一点完全可以避免。

低级错误一：漏标必要的指示性符号和文字。

低级错误二：场地尺寸错误。

低级错误三：错标建筑名称。

低级错误四：停车场画法错误。

四、快题设计的时间分配

6 小时内完成全部要求图纸，切忌少项，务必保证总平面图的质量。时间分配见表 2-1。

表 2-1　6 小时快题的时间分配

阶段	时间	任务	内容	
第一阶段	30 分钟	审题构思	快题设计的关键，时间不宜过长	对任务书的主要内容进行解读，重点把握题眼和陷阱，确定对象和确立目标
第二阶段	3 ~ 3.5 小时	总平面图	主要包括两个部分：一是系统地完成平面的表达，内容包括交通系统、景观系统和建筑性质等；另一部分包括建筑名称、层数、地块出入口位置、外部周围地块性质、指北针、比例尺等	铅笔打稿 60 ~ 90 分钟，该阶段要求对功能分区、交通组织、建筑形态进行初步绘制
				墨线定稿 50 ~ 60 分钟，该阶段需要对平面图进行进一步深化，最终明确方案细节
				上色（完成所有成果后统一上色）30 ~ 40 分钟，总平面图的色彩一般根据各自喜好有不同的风格，但整体要达到统一。先铺底色，再刻画环境细节
				细节刻画 10 ~ 20 分钟，细节标注，突出中心组团和周边性质，检查指北针等细节标注
第三阶段	30 分钟	分析图	分析图是城市规划考研中不可或缺的一部分，也是阅卷老师进一步了解学生方案的重要途径，因此在考试中不可或缺	
第四阶段	60 ~ 90 分钟	效果图	鸟瞰图的表达需要根据其他要素的完成度来安排时间。在内容完整的基础上，尽可能达到一定深度，凸显层次，达到加强方案亮点以及核心空间的效果。如果时间紧张，结构清晰即可	铅笔稿 30 ~ 40 分钟，确定鸟瞰图的角度，定好建筑底稿
				墨线 15 ~ 20 分钟，刻画细节，深化方案
				上色 15 ~ 20 分钟，色彩搭配舒适，凸显整体层次
				细节刻画 10 分钟
第五阶段	30 分钟	查缺补漏	根据考生的习惯以及完成程度来进行最终的查缺补漏	

第三章　城市规划快题设计的方法进阶

The Training Method of Urban Planning Design Sketch

◆居住区规划设计

◆中小学校园规划设计

◆城市中心区规划设计

◆科技产业园区规划设计

◆工业园区规划设计

◆历史街区规划设计

一、居住区规划设计

住区类的考题在最近几年时有出现，是快题设计的基础类型。它不仅会以单独的居住区、养老社区、职工宿舍区等形式出现，而且从最近几年的趋势来看，往往会以一个快题中的角色出现，例如商住混合型、旅游中的安置功能等。因此居住区的重要性不可忽视。

1. 居住区规划的相关概念

居住区按居住户数或人口规模可分为居住区、居住小区、居住组团三级，各级标准控制规模应该符合图3-1的规定。快题中常说的居住小区按照分级控制分类标准一般指的是组团或小区的规模。

图 3-1 居住区分类（王夏露绘）

2. 功能结构系统

纯粹的居住小区规划中，小区功能结构较为单纯。居住小区的用地构成根据用地性质的不同分为住宅用地、公建用地、道路用地和公共绿地四类，而居住小区的功能结构主要是通过对居住用地和公建用地或者是居住用地和公共绿地的布局关系来体现。

根据《城市居住区规划设计规范》（GB 50180—93），居住小区内各类性质的用地要满足的比例关系见图3-2。

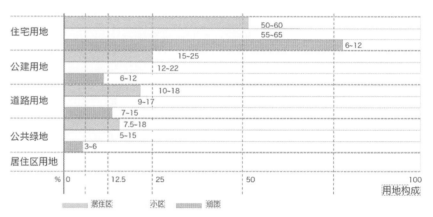

图 3-2 居住区各类用地比例关系（王夏露绘）

3. 道路交通组织

根据交通参与主体的不同，居住小区中的交通方式主要有机动车交通、非机动车交通和步行交通三种。

居住小区中的交通组织方式可以分为人车完全混行交通、人车部分混行交通和人车完全分行交通三种方式（图3-3）。

在进行居住小区规划设计时要注意以下设计原则：

"通而不畅"的线性选择，避免往返迂回的同时，减少外部车流与人流的穿梭；道路分级设置，满足不同要求；结合地形、气候、用地规模、规划结构、周边条件、居民出行特点，规划设计便捷的道路系统和断面形式。

图 3-3 居住区交通组织方式分类（王夏露绘）

在进行居住小区规划时，道路系统的分级一般按照以下标准确定：

①小区路宽 6~9 米，组团路宽 3~5 米，宅间小路宽度不小于 2.5 米。

②在城市交通干道上的出口，距离交叉口 70 米以上；在同一侧道路上的两个车行出入口设置间距在 150 米以上，与道路交角不小于 75°。

③尽端式道路的长度不大于 120 米，大于 120 米的尽端路需设 12 米×12 米的回车场，尽端回车场的半径不小于 6 米。

④沿街建筑的长度超过 150 米时，应在适当位置设置穿过建筑的消防车道；高层建筑宜设置环形消防车道，或沿两长边设消防车道。

⑤当建筑的长度超过 80 米时，应在底层加设步行通道。

常见的路网系统见表 3-1。

表 3-1 常见的路网系统

路网类型		示意图	可对应空间结构类型
线形路网			葡萄型空间结构 簇群型空间结构
环形路网	核心环路网		周边环路型空间结构 轴线对称型空间结构 四菜一汤型空间结构
	中环路网		
	外环路网		
C 形路网	C1 形路网		轴线对称型空间结构 葡萄型空间结构
	C2 形路网		
	C3 形路网		

4. 功能设施

住区的设计是以人的居住生活为中心而开展的，应满足"私密—半私密—半公共—公共"的原则，营造出住区的层次感，保证居民的生活质量。一般意义上的住区，应包含的基础设施有幼儿园、小学、会所和商业服务设施，以满足居民的基本日常生活需求。根据题目要求，有的题目内需要布置一定的运动场地，需要记住一些常见运动场地的尺寸。

（1）幼儿园

建筑层数 2～3 层，布置在安静、方便接送的地段，往往选择在住区中心的外围，不与中心相结合。活动场地要保证良好的朝向。

位置选址——安静、方便接送，一般位于住区中心外围，不与中心结合布置，临近机动车道，但不临近车行出入口。

考虑朝向——幼儿园要有一定的活动场地，保证活动场地和活动单元体位于南侧向阳处，且没有遮挡。

平面形式——包括办公楼、活动单元、音体教室、附属功能空间。

考虑环境——注意幼儿园周边的环境，既保证安全性，又讲求安静的学习空间，且不对居住用户造成干扰（图 3-4）。

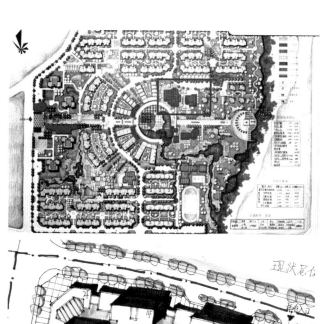

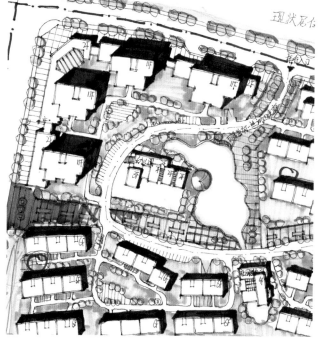

图 3-4 某居住区规划设计（图片来源：网络）

（2）会所

会所是结构中心的核心景观建筑，通常布置于广场疏散场地，打造成整个住区具有凝聚力的空间，通常有两种设计手法：

内向型——选址于住区的中心处，结合绿地、水系、开敞活动空间设置，一般作为一个核心空间来处理。

外向型——选址于住区外侧，兼顾部分商业职能。

如果题目中要求设置管理中心、社区服务中心、物业中心等，设计手法和会所思路一致（图3-5）。

（3）商业服务设施

一种是结合住宅，利用一层或者高层的裙房（主要方法）做成底商的形式，一种是布置在出入口位置。一般沿城市道路线状布置或布置于住区主要出入口。单独设置时，建筑形体应稍微突出，利用住宅一层或者高层的裙房设置（图3-6）。

（4）运动场地

考虑人的活动，可以适当地布置一些运动场地。如果题目要求布置，千万不要忽略；运动场地往往结合中心来做，需要注意尺寸和朝向（图3-7）。

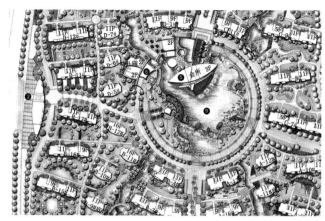

图3-5 某居住区公建画法示意（图片来源：网络）

图3-6 某居住区底商画法示意（绘聚学员绘）

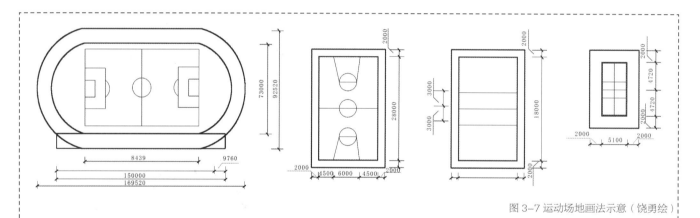

图3-7 运动场地画法示意（饶勇绘）

（5）小学

服务半径500米左右，层数不超过4层，一般布置在住区的边缘，沿次干道僻静地段。注意与住宅保持一定的距离，教室和操场要有良好的朝向。

5. 景观组织

居住区的中心往往是由中心绿地、广场以及公共服务建筑组成，营造整个住区的核心空间，从而引领整个住区。支撑整个设计的基本结构往往也是住区的亮点和中心，渗透到各个小组团中去，起到融合的作用，具有很强的凝聚力。景观打造不仅增加了整个方案的趣味性，更使居住在其中的人得到美的享受，又能满足生态的要求。

景观打造应考虑基地内部与周边环境的呼应，充分利用基地内原有的绿地、水体、微地形、山体，重视景观的连续性和整体性。住区内包括核心绿地、组团绿地和院落绿地，通常结合步行流线，将各节点景观与核心景观联系起来。

在设计过程中需要注意：基地内部和周边环境的呼应，利用好基地内原有的绿化和水系；重视景观的连续性和完整性，兼顾核心绿地和分散的组团绿地；景观营造和步行系统相结合，利用步行轴线设置绿化（图3-8、图3-9）。

景观要素设计大致包括水体、山体、绿地、广场节点。

（1）水体

处于基地外部，考虑结构上与外部环境要素的衔接，视线通廊、人流组织、滨水岸线、引水的方法（是否有防汛要求）等。

基地内部水系，注意原有景观要素的利用，水体岸线的美观、

图 3-8 居住区景观搭配示意（图片来源：网络）

图 3-9 居住区景观表现示意（图片来源：网络）

自由与舒展。表现形式：自由水系 + 规则水面。

（2）山体

在快题考试中，山体通常是一个重要的要素，围绕山体做成主要节点或次要节点，会成为整个快题的亮点。应将山体考虑在设计中，使之成为结构的一个部分或核心节点，或利用其他景观做成对景或形成视线通廊。

6. 居住区建筑设计的要点

居住区需要注意建筑的平面形式、建筑尺度、建筑朝向以及日照间距。

（1）建筑形态

低层住宅——2 ~ 3 层，分为独栋式和拼联式（图 3-10）。

多层住宅——4 ~ 6 层，板式，行列式布局。多以 6 层为主，体量一般是 12 米 ×18 米（图 3-11）。

小高层住宅——8 ~ 11 层，包括点式和多单元板式，有载人电梯，但无消防电梯。快题中一般以 9 层为主，一梯两户 12 米 ×25 米，一梯三户和一梯四户一般不小于 25 米 ×38 米；点式高层，尺寸多为 30 米 ×30 米（图 3-12）。

高层住宅——12 层以上，以独立点式为主，尺寸可以为 30 米 ×30 米或 35 米 ×35 米（不小于 30 米 ×30 米），也可以采用拼接板式（图 3-13）。

不论采用哪种住宅建筑类型，都要适当考虑地面停车，高层建筑还应考虑就近地下停车。

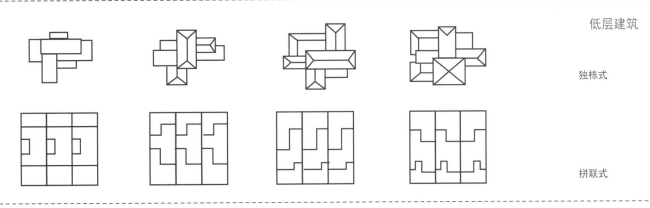
图 3-10 低层住宅画法示意（王夏露绘）

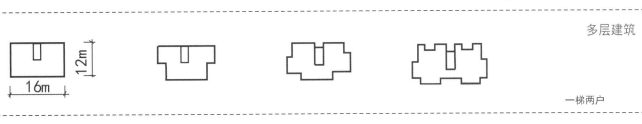
图 3-11 多层住宅画法示意（王夏露绘）

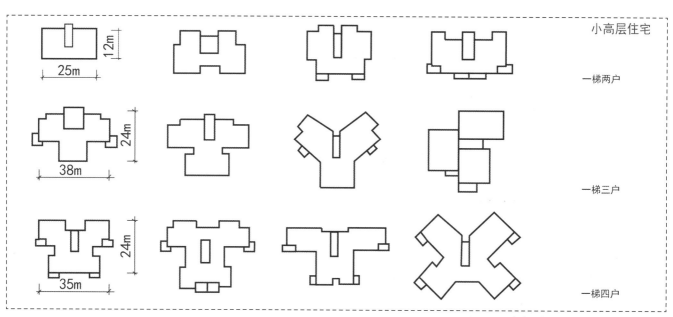

小高层住宅

一梯两户

一梯三户

一梯四户

图 3-12 小高层住宅画法示意（王夏露绘）

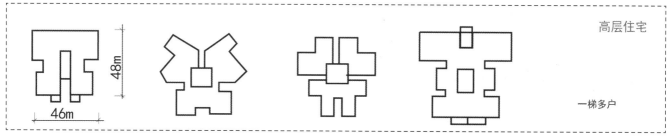

高层住宅

一梯多户

图 3-13 高层住宅画法示意（王夏露绘）

（2）住宅建筑的组合形式

考虑建筑的朝向问题，选择合适的建筑组合形式。采用多种组合形式丰富图面，避免呆板。在空间结构上做到层级清晰，突出核心空间，利用主要步行联系各个空间组团，形成整体性。

①庭院式。

几组建筑围合成一个内部空间，整体建筑组合形态形成一个大的围合感（图 3-14）。

②轴线式。

由轴线空间将院落或组团串起来，统领整个住区。轴线可以是实轴，也可以是虚轴。实轴一般指的是铺装人行流线、绿化带和水体等；虚轴则是指开放的空间序列，可以是建筑挤出的线性空间，或是顺应地形、水体、河流的开敞空间序列（图 3-15）。

③点板式。

针对高层居住区而言，由点式高层和板式相结合，打破单纯板式的单调布局，点式往往处于中心区或沿街、沿轴线位置（图3-16）。

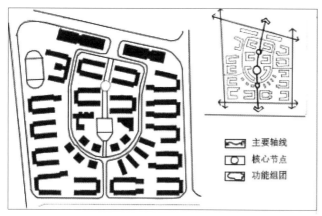

图 3-14 庭院式住宅组合示意（图片来源：网络）

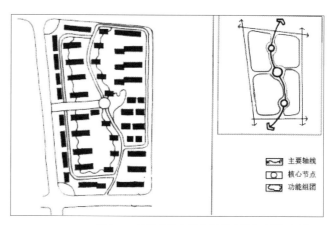

图 3-15 轴线式住宅组合示意（图片来源：网络）

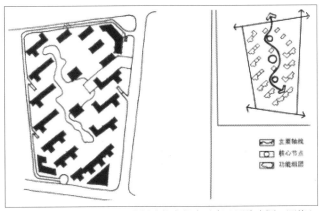

图 3-16 点板式住宅组合示意（图片来源：网络）

（3）指标构建

①容积率。

独栋别墅区：0.2 ~ 0.3。

联排别墅区：0.3 ~ 0.7。

纯多层区：0.8 ~ 1.5。

纯小高层区：1.8 ~ 2.2。

纯高层区：2.2 以上。

②绿地率。

新建小区一般不低于 30%，旧小区更新一般不低于 25%。

③停车。

题目明确给定停车位的计算方式时，要根据题意大概估算；如果没有明确的计算方式，则按照：停车位≈住区户数 = 居住区总人口 /3.2。

7. 设计步骤

（1）分区做结构

通过审题，合理地进行功能分区，同时协调地段现状，做出整体结构。

分区：住区内分区一般考虑组团的打造，低层、多层和高层区域的划分，不同类型住房的划分。例如，题目要求有 A 类、B 类用房的布置。

车行的组织：车行道出入口位置和数量，合理的道路选型。

人行流线组织：人车分流，人流连续，人行入口的选择——人流来源。

（2）建筑布置

根据已做好的分区和结构，在大的骨架中摆置住区建筑。通常应注意：建筑的朝向和日照间距；建筑的组合方式——行列式、交错式、院落式、点式等相结合，避免呆板；高层建筑强调序列感，多层板式建筑强调整体感。根据上一步房子的摆置，协调整体，画房子，同时注意建筑的尺度。

（3）细化环境

进一步细化环境，包括水系、绿化，尤其应注意重点刻画滨水、核心空间的景观。景观打造应考虑基地内部与周边环境的呼应，充分利用基地内原有的绿地、水体、微地形、山体，重视景观的连续性和整体性。住区内包括核心绿地、组团绿地和院落绿地，通常应结合步行流线，将各节点景观与核心景观联系起来。

（4）表达

首先，保证墨线线条自由；其次，注意马克笔配色和表达技巧，突出主要结构和核心区域。考虑有特殊地形的地段，应了解山地建筑的接地方式，设计减少土方量。

（5）补充

居住区主要包括住宅、公共建筑、商业建筑，需要注意：一般地块要求有会所、幼儿园，小学可根据地块自行处理，掌握不同建筑的平面形式。有些题目会要求增加菜市场（根据周边环境选择最优位置）或部分商业服务设施（商住混合）。

商住混合应注意功能上相联系，空间上相对隔离。可以做的精彩的地方往往是会所与中心景观融合的效果，而公共建筑都有相应的集散空间。公共建筑和公共空间布置在一起，以形成中心。小区入口广场由建筑挤出空间。注意轴线的变化，轴线应结合景观元素来设计，避免产生单调感（图 3-17 ~图 3-19）。

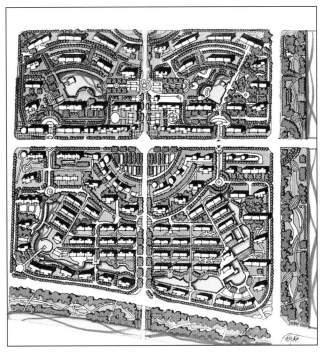

图 3-17 庭院式居住区规划设计示意（徐艳绘）

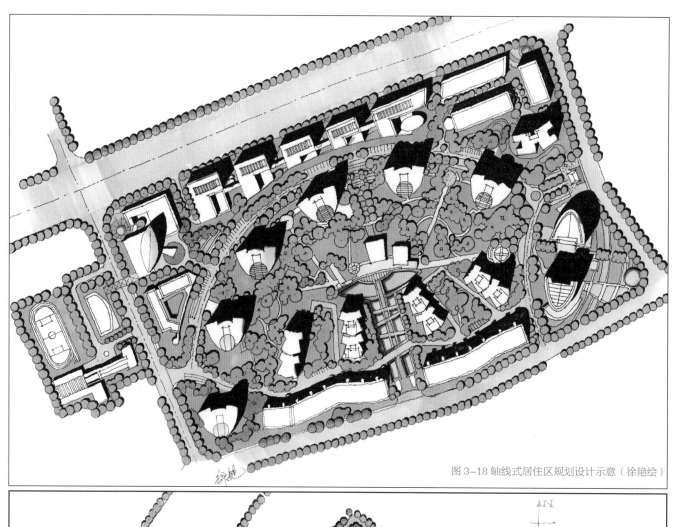

图 3-18 轴线式居住区规划设计示意（徐艳绘）

图 3-19 点板式居住区规划设计示意（徐艳绘）

二、中小学校园规划设计

1. 校址选择

学校校址选择应符合下列规定：

①校址应选择在阳光充足、空气流通、场地干燥、排水通畅、地势较高的地段。校内应有布置运动场的场地和提供设置给水排水及供电设施的条件。

②学校宜设置在无污染的地段。学校与各类污染源的距离应符合国家有关防护距离的规定。

③学校主要教学用房的外墙面与铁路的距离不应小于 300 米；与机动车流量超过 270 辆／小时的道路同侧路边的距离不应小于 80 米，当小于 80 米时，必须采取有效的隔声措施。

④学校不宜与市场、公共娱乐场所、医院太平间等不利于学生学习和身心健康，以及危及学生安全的场所毗邻。

⑤校区内不得有架空高压输电线穿过。

⑥中学服务半径不宜大于 1000 米；小学服务半径不宜大于 500 米。走读小学生不应跨过城镇干道、公路和铁路。有学生宿舍的学校，不受此限制。

2. 学校用地

学校用地应包括建筑用地、运动场地和绿化用地三部分。各部分用地的划分应符合下列规定：

①建筑用地、运动场地、绿化用地之间有绿化带隔离者，应划至绿化带边缘；无绿化带隔离者，应以道路中心线为界。

②学校建筑用地应包括建筑占地面积、建筑物周围通道、房前屋后的零星绿地、小片课间活动场地。

③学校运动场地应包括体育课、课间操和课外体育活动的整片运动场地。

④学校绿化用地应包括成片绿地和室外自然科学园地。

学校建筑用地的设计应符合下列规定：

①学校的建筑容积率可根据其性质、建筑用地和建筑面积的多少确定。小学不宜大于 0.8；中学不宜大于 0.9；中师、幼师类学校不宜大于 0.7。

②中师、幼师类学校应有供全体学生住宿的宿舍用地，有住宿生的中学宜有部分学生住宿用地。

③学校的自行车棚用地应根据城镇交通情况决定。

④在采暖地区，当学校建在无城镇集中供热的地段时，应留有锅炉房、燃料、灰渣的堆放用地。

学校运动场地的设计应符合下列规定：

①运动场地应能容纳全校学生同时做课间操之用。小学每学生不宜小于 2.3 平方米，中学每学生不宜小于 3.3 平方米。

②每六个班应有一个篮球场或排球场。

③运动场地的长轴宜南北向布置，场地应为弹性地面。

④有条件的学校宜设游泳池。

⑤学校绿化用地：中师、幼师类学校不应小于每学生 2 平方米；中学不应小于每学生 1 平方米；小学不应小于每学生 0.5 平方米。

3. 总平面图布局

学校应有总平面图设计，经批准后，方可进行建筑设计。

①教学用房、教学辅助用房、行政管理用房、服务用房、运动场地、自然科学园地及生活区应分区明确、布局合理、联系方便、互不干扰。

②风雨操场应远离教学区、靠近室外运动场地布置。

③音乐教室、琴房、舞蹈教室应设在不干扰其他教学用房的位置。

④学校的校门不宜开向城镇干道或机动车流量每小时超过 300 辆的道路。校门处应留出一定的缓冲距离。

建筑物的间距应符合下列规定：

①教学用房应有良好的自然通风。

②南向的普通教室冬至日底层满窗日照不应小于 2 小时。

③两排教室的长边相对时，间距不应小于 25 米。教室的长边与运动场地的间距不应小于 25 米。

4. 注意事项

（1）与周边环境的关系

在快题考试中，只有校园规划设计时应注意地块周边的道路等级，尽量不在快速路上和主干道上开口，如果必须开口，则应设计一个后退的广场，作为对主干道车流的退让。学校面积较大时，尽量设置两个以上的出入口。

校园设计作为部分功能出现时，不仅需注意周边的道路等级，还需注意与其他功能的关系，回避较为热闹的功能，如商业区；尽量将较为安静的功能布置在一起，如居住区和公园。

（2）功能分区

由于学校功能的特殊性，使用人群比较固定，主要是学生、老师及其他工作人员。校园规划设计中的功能区大致分为教学区、运动区、生活区、办公区、餐饮区，其中教学区是中小学的重要功能区域，设计时应放在首要位置，整体分区要合理、清晰、明确。

①教学区的设计要点。

教学区应位于环境较为安静的区域，尽量不要临近城市主干道和交通性的城市次干道，如果必须放置，则需用绿化将其与城市道路隔离开来，营造安静的氛围。主要教学用房的外墙面与铁路的距离不应小于 300 米。与机动车流量超过 270 辆／小时的道路同侧路边的距离不应小于 80 米，如果小于 80 米，必须采取有效的隔声措施。

主要教学用房要注意建筑朝向，尽量南北方向，日照间距要满足条件。教学用房应注意层数，建筑单侧长度注意满足消防要求。教室的长边与运动场地的间距不应小于25米；两排教室的长边相对时，其间距不应小于25米。

②运动区的设计要点。

可靠近城市道路，场地平整，与教学区、生活区的距离不可过近，必要时可用绿化进行隔离处理。

中学运动区内必须配置400米田径场，小学必须配置400米、200米田径场，其他可布置一些运动场地，如篮球场、排球场、羽毛球场等。

注意运动场地的朝向，若没有出现极强限定条件，均为正南正北布置，若受到现状条件制约，运动场长轴南偏东宜小于20°，南偏西宜小于10°。田径场场地应为弹性地面，运动场地的尺度要适宜。

运动区域内的体育馆等建筑应成组出现，较大规模的学校可配备医疗室。每六个班应该布置一个篮球场或排球场地。

③生活区的设计要点。

生活区应与教学区和运动区之间有便捷的可达性。当涉及教师宿舍区时，教师宿舍和学生宿舍应分开布置。学生宿舍楼常采用双廊，进深16米左右，长度不超过80米。当用地较为宽裕时，可适当在生活区布置一些活动场地，如篮球场地、羽毛球场地等。

④办公区的设计要点。

办公区的主要功能是为教师及其他行政工作人员服务，一般需要有单独的一栋楼，可布置在学校入口处，建筑形式上应与教学楼不同，具有可识别性。

⑤餐饮区的设计要点。

视设计学校的大小而定。布置餐饮食堂时需考虑风向，应布置在常年主导风向的下风向。选址时应注意与教学区、宿舍的距离，不可过远或过近，考虑其运输需要，在其后方需要有专门的机动车道。

（3）景观布置

若地块内有可利用的山体、河流、坡底等，尽量利用其作为景观轴线上的节点或者收尾。校园规划设计的景观布置与居住区有很大的不同，居住区有大面积的绿地，而校园内硬质铺地的比例较高。除了主要的景观轴线外，在建筑之间要尽量多加一些花坛来丰富图面效果，增加绿地率。

5. 解题策略

学校的环境是比较庄严、安静的，在校园规划设计中，通常都会利用大轴线、大水系或大广场、大绿地来控制整个图面，形成设计的主线，让整体更有序列感、秩序性。一般有以下几种形式的处理方式：

①轴线式：以轴线引领整个图面，围绕轴线设置大的节点（图3-20）。

②序列式：无明显的轴线，建筑有序排列，形成图形性（图3-21）。

③网格式：无明显的轴线，被大的地形所分隔，呈均匀布局（图3-22）。

6. 设计步骤

（1）空间结构与功能分区

通过对地块的整体分析确定空间结构的大致走向，通过对各功能区特点和要求的把控合理进行功能分区，同时进一步协调之前所确立的结构，奠定整体的基调。

分区：教学区、生活区、运动区、办公区和餐饮区。

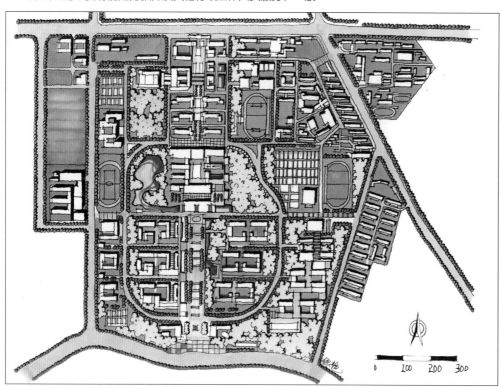

图3-20 轴线式校园规划设计总平面图（徐艳绘）

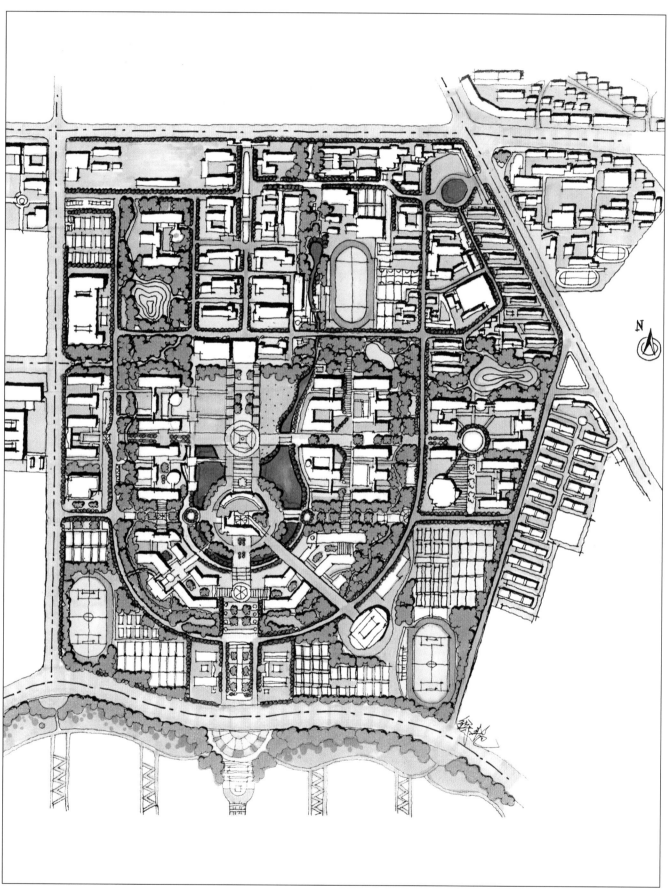

图3-21 序列式校园规划设计总平面图（徐艳绘）

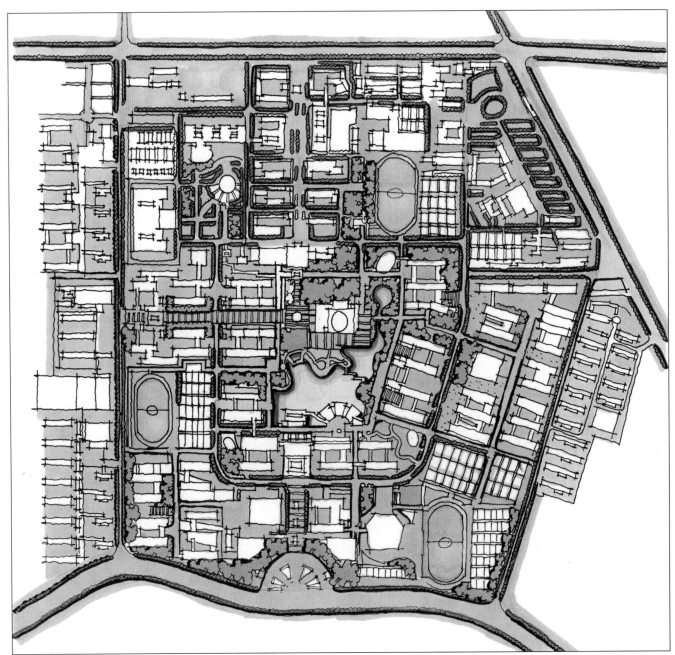

图 3-22 网格式校园规划设计总平面图（徐艳绘）

车行的组织：车行道出入口位置（次路或支路）和数量（不少于两个），合理的道路选型（对不同层级道路等级做出区分）。

人行流线组织：整体上——人车分流，各功能区之间——人流连续，人行入口的选择——人流来源。

（2）建筑布置

根据已做好的分区和结构，在大的骨架中摆置住区建筑。应注意：教学建筑的朝向、日照间距；建筑的组合方式——行列式、交错式、院落式、点式等相结合，教学建筑的隔声。

建筑的形式在不要求采光的情况下可稍显灵活，与景观或轴线形成呼应，增强设计的整体效果（图 3-23 ~ 图 3-30）。

行政办公楼尽量布置在主要出入口处，并配置一定的停车场地；图书馆一般放置在轴线收尾处，布置在中心地带，成为一个核心的空间。体育馆布置在车行道周边，与运动场地规划在一起。音乐教室和舞蹈教室应设在不影响其他教学用房的位置。幼儿园楼层 2 ~ 3 层，小学不高于 4 层，中学不高于 5 层。

（3）路网设计

在确定了整体结构和功能分区后，应着手地块内部整体的路网设计。在道路体系的构建中，运用环形路网有助于校园各个出

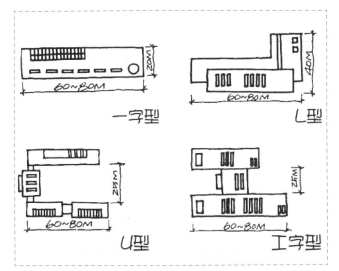

图 3-23 教学楼建筑平面图（一）（王夏露绘）

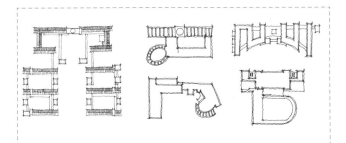

图 3-24 教学楼建筑平面图（二）（王夏露绘）

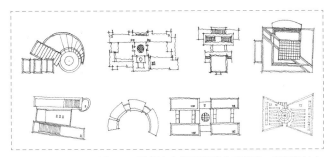

图 3-25 图书馆建筑平面图（王夏露、袁亚飞绘）

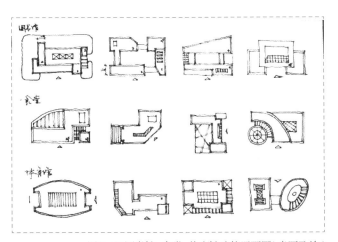

图 3-26 图书馆、食堂、体育馆建筑平面图（袁亚飞绘）

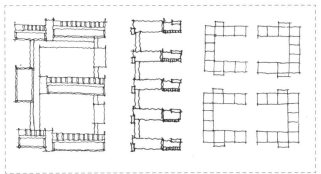

图 3-27 宿舍建筑平面图（袁亚飞绘）

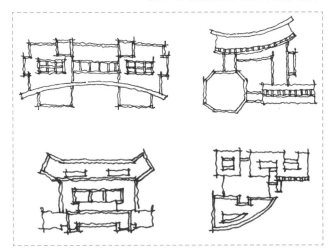

图 3-28 行政楼建筑平面图（王夏露绘）

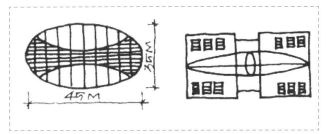

图 3-29 体育馆建筑平面图（图片来源：网络）

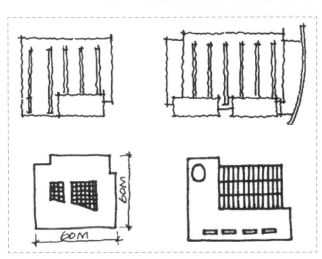

图 3-30 食堂建筑平面图（王夏露绘）

口和功能区之间的联系。中小学园区设计中的道路设计，常用以下三种模式：

①内环路：在用地规模较小的情况下使用，可以形成较为紧密的核心区域（图3-31）。

②外环路：在用地规模较大、功能分区较多且分散的情况下使用，各功能区之间有较好的通达性（图3-32）。

③半环路：在强限定条件下或基地内有地形阻隔的情况下使用，需注意远离道路的功能区交通上是否通达（图3-33）。

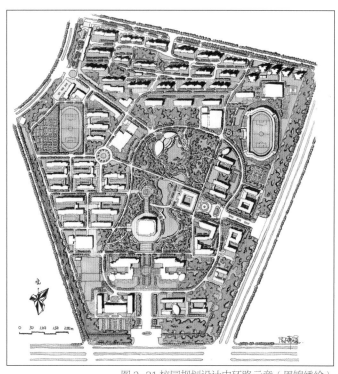

图3-31 校园规划设计内环路示意（周锦绣绘）

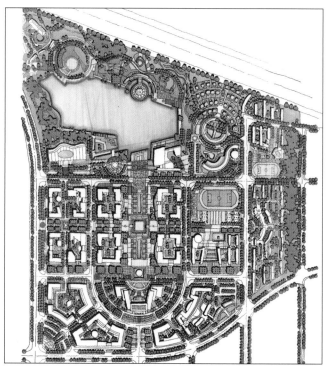

图3-32 校园规划设计外环路示意（周锦绣、任强绘）

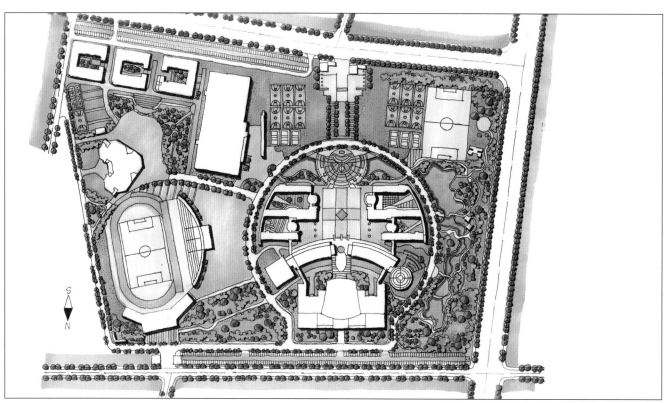

图3-33 校园规划设计半环路示意（周锦绣绘）

（4）景观中心

校园景观系统的构建需要着重考虑主要的景观轴线、核心景观区域的位置以及相互之间的联系，设计时要加强轴线景观和主要场地的处理。

景观打造应考虑基地内部与周边环境的呼应，充分利用基地内原有的绿地、水体、微地形、山体，重视景观的连续性和整体性。进一步细化环境，包括水系、绿化，尤其应注意重点刻画滨水、核心空间的景观。

在空间结构中，轴线景观可按照校门前广场—主干道—主要节点—主体建筑的顺序构建。由景观场地和景观建筑组成，形成良好的收放序列空间关系，在设计时，注意尺度的控制、材料的区分、小品及绿化的运用，以丰富整体环境。

校园的中心往往是由中心绿地、广场、图书馆以及其他标志建筑组成的，从而引领整个校园，支撑整个设计的基本结构。景观打造不仅增加了整个方案的趣味性，还能够使居住在其中的人得到美的享受，更能满足生态的要求（图3-34）。

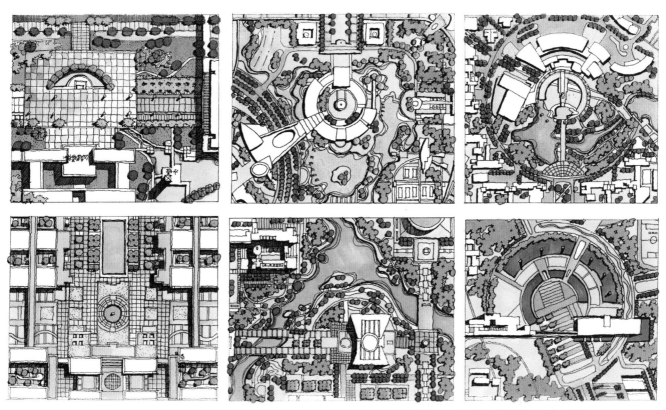

图3-34 校园规划设计景观中心表现示意（徐志伟绘）

三、城市中心区规划设计

1. 题型简介

城市中心区一般作为城市的重点地段来考查，功能较为综合，常见功能有：商业、休闲、文化、办公、广场、绿化，有时会包括居住（SOHO）。

中心区是城市或片区空间结构的核心，是城市功能的重要组成部分。行政办公、商业购物、文化娱乐、游览休闲、会展博物等公共建筑集中于此，为城市居民提供各种公共活动空间。中心区也是城市或片区最具标识性的地区，由标识性建筑和公共开放空间共同构成特色环境，不仅满足人们的物质需求和精神需求，还体现了城市的景观风貌与特色。

2. 解题策略

（1）考查重点

①空间布局。

中心区的空间布局应综合考虑其所处的城市环境。城市环境包括基地内部和外部环境，其外部环境主要包括中心区地块周围的功能布局、交通发展状况（周围道路等级、与城市重要的交通枢纽之间的关系等），其内部环境包括基地内部的自然、人文环境要素，在此基础上更应该考虑其自身所承担的片区发展使命问题等。如何根据基地周围的地块功能构成、交通条件以及内部的自然、人文要素，结合任务书功能要求，谋划其空间布局是考生需要重点考虑的问题。例如，如何结合基地周边主次干道布局商务办公、酒店等功能，以展示城市形象，结合基地周围地铁站等人流大的地方有机布局集散广场以及商业功能，结合基地内部滨水或者文化因素布局文化展示功能等。

②结构梳理。

结合功能布局综合考虑基地的开敞空间，梳理中心区的空间结构，营造城市中心区宜人、舒适的休闲体验环境。空间结构的梳理可以重点围绕开敞空间展开，且开敞空间组织应呈现出一定的递进关系、秩序感。应结合功能布局形成不同功能、不同尺度的开敞空间，例如，结合商业服务设施，设计入口的节点商业广场，结合文化功能，设计内部的文化广场，结合居住，设计居住组团内部的私密空间等。

③交通组织。

中心区通常周边交通条件较为复杂，地块一般被城市道路所包围，基地内部交通的组织应考虑周边的道路等级。例如，城市主干道尽量避免开辟车行出入口，面向主干道展开组织主要的景观步行轴线，同时其内部交通的组织应该尽可能减少对景观步行轴线的交叉干扰，梳理沿街步行空间，有机串联基地内部的各个步行出入口，尽可能在城市内部营造出宜人的步行环境。此外，

基地的停车系统也是重点考查的方面，应该结合出入口考虑地上停车场和地下停车场，满足停车需求。

（2）设计内容（图3-35）

城市中心区规划设计一般包括以下内容：

①确定用地的位置范围，核定用地面积。

②拟定各类建筑类型的数量、布局形式等。

③拟定各级道路的走向、线形、宽度等。

④拟定各级公共绿地、开放空间的类型和布局。

⑤根据方案计算有关用地平衡和技术经济指标。

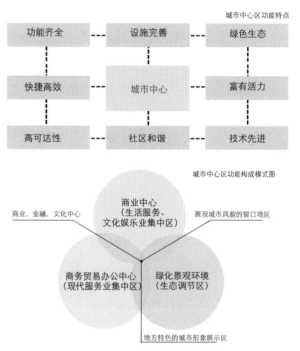

图3-35 功能关系（程功绘）

（3）具体要求

城市中心区设计在综合考虑内部路网结构、各类建筑布局、建筑群体组合、绿地系统及空间环境等的内在联系后，通过一系列的专业知识和设计手法来构成一个完美的有机体，具体要求如下：

①混合多样的功能分区。

城市中心区规划设计中，考查的功能有多种类型，混合性较强。每个题目中设定的功能内容有可能不同，它们之间的关系也就随之变化，因此处理这些功能之间的主次关系、位置布局是首要问题，也是城市中心区规划设计中的难点。

②开放的空间结构。

城市中心区是城市公共空间的一部分，格外强调开放性，需要通过一定的设计手段将设计地块与城市周边环境或自然环境空间取得一定的联系，加强在某个方位的互动，形成流动的、穿插的空间体系。

③流畅的交通组织。

由于城市中心区自身的交通条件较为复杂，在协调各个功能区的关系时，应在保证不影响城市交通顺畅的前提下综合考虑，主要解决的问题包括合理布置各个功能区、组团的出入口位置、不造成新的交通冲突点、做好人车分流、解决机动车停放问题等。

④极具特色的场地景观。

在充分利用现有环境条件的基础上，可以借助极具特色建筑单体／群来营造不同氛围的城市景观。对场地的处理可通过软硬地的划分、铺地材质的表达、景观小品的设置、绿化植被配置的变化等来设计，可反映出设计者对空间处理的把握能力以及对场地利用的控制能力。

⑤合理的建筑尺度。

因地块位于城市中心区域，因此建筑的功能等级更高，在尺度上较居住区大，但要对具体功能具体分析，切不可盲目扩大，并注意通过建筑屋顶的处理、铺地的尺寸等要素来加强正确的尺度感。

3. 设计步骤

（1）空间结构与功能分区

城市中心区设计与居住区设计和校园设计有很大的不同，周边地块的现有功能、道路等级、要求功能较多等造成在设计功能分区时需要考虑的问题很多，因此建议先合理进行功能分区，在功能分区没有大错误的前提下，再考虑整体结构。如果若题中明确给出以某某为中心或有城市地标、区域地标性质的建筑出现，则另行考虑。

①空间结构。

清晰的结构和明确的序列感往往通过车行、人行轴线来体现，空间结构需注意稳定性、平衡性。当地块功能较为单一时，考虑点（小节点）、线（轴线）、面（大的空间节点／广场）串接。当地块为两个或多个地块、功能较复杂时，要宏观规划设计，最简单的方法就是用轴线联系地块，将其由分归整。

设计时，结构要有主次，有时快题中会出现多条轴线支撑整个快题的大结构，切记要突出重点，主次分明，可以通过尺度、建筑围合、景观打造、表现等方面来区分。主要表现在：

在尺度上——主要轴线建筑体量感＞次要轴线建筑体量感。

在环境上——主要轴线的植物搭配度或地面铺砖细致程度＞次要轴线的丰富度。

在表达上——主轴线用色丰富度＞次要轴线用色丰富度。

单个地块——点、线、面串接（配图）。

多个地块——轴线串联（配图）。

单轴——单结构图。

多轴——多结构图。

②功能分区。

城市中心区的功能基本包含了城市生活的所有需求，如居住、商业商务、文化休闲、公园等，在布置时首先要知道各个功能的特点及其对周边环境的影响和要求。

a. 居住区。

当居住区作为部分考题要求出现时，可以忽略或者模糊其内部的空间轴线，而将居住组团作为整个设计中的一部分考虑，在设计时一定要审题，计算出居住的平均层数，不可画错。另外，建筑的朝向以及日照间距、消防要求也是考查的重点。

居住区需要较为安静的环境，适宜布置在有良好景观的区域且周边不宜有过于吵闹的功能区，如商业区。当居住区需布置小高层或高层时，应注意整体天际线的营造。

b. 商业区（图3-36、图3-37）。

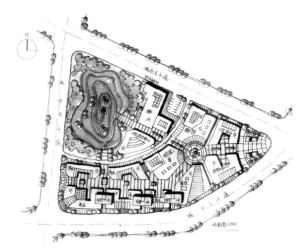

图3-36 城市中心区商业建筑形态示例（一）（陈辰绘）

图3-37 城市中心区商业建筑形态示例（二）（谷苗苗绘）

商业类建筑的功能大致是娱乐、购物、休闲、餐饮，因其功能需要大量的人流来满足，故应放在有大量人流往来的区域，如靠近地铁站、公交站，但不可离得过近，以免造成人流的冲突；与其他功能之间不要有太直接的联系，可用广场或轴线做过渡。

商业类建筑的平面形态变化丰富，布局与组织方式也比较自由，常见的商业建筑有以下几类：

大型购物中心——综合性服务的商业集合体，建筑体量较步行商业街大，多布置在道路拐角处，3～6层为宜，也可布置为大跨建筑，但注意单边长度不可过长（图3-38）。

商业步行街——以布置小尺度建筑空间为主，建筑体量以一跨为主，流线清晰（图3-39～图3-41）。

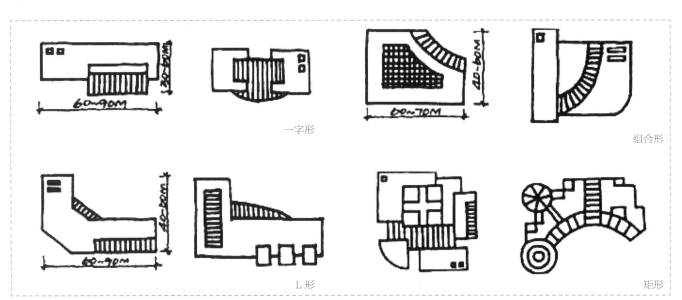

一字形　　　　　　　　　　　　　　　　　　组合形

L形　　　　　　　　　　　　　　　　　　　矩形

图 3-38 大型购物中心（图片来源：网络）

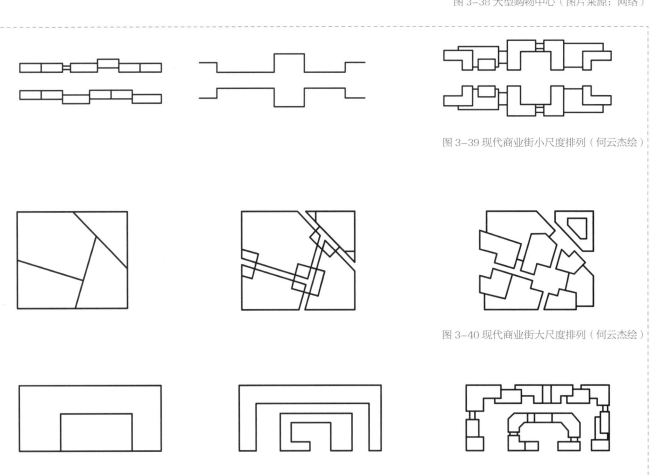

图 3-39 现代商业街小尺度排列（何云杰绘）

图 3-40 现代商业街大尺度排列（何云杰绘）

图 3-41 复合商业街区（何云杰绘）

酒店——建筑形态丰富，靠近主干道或布置在街道拐角处为宜，其后需要有方便运输的场地或道路。建筑形式分清前台接待区和主题住宿区。

旅馆——基本满足住宿需求，在建筑布置上需满足朝向、日照的要求。

市场——一般为单层大跨建筑，若有活禽宰杀功能，布置时需注意常年主导风向。

题目中若出现古建或历史街区等条件时，商业街可采用仿古形式。仿古商业街的尺度和空间围合感的营造皆与现代商业街不同，需注意的细节更多，屋顶的形制等级也更为严格。出入口的引导建筑等级较高，类似牌坊或小的阁楼；建筑并不是单列布置，而是成组出现，中间会形成封闭或半封闭的庭院；商业街流线不能因庭院的出现造成穿插或混乱。

古建街的形态把控：大中心层次支撑空间，层次中有大小节点串联，每个层次需要有沟通，小次要层次联系功能；不同功能开放度不同；有效区分私密空间和公共空间；硬质、软质互相交错。

如若模仿古建筑的庭院形制，则几进院的形式必须正确；如三进院，进门耳房—正房—后房的顺序不能出错，屋顶的规格也不能出错。

　　c. 商务区。

商务区的主要功能是办公，特点是具有通勤性（即每天在固定时间段内有较高人流、车流的往来），同时需要有相对独立的环境。其建筑平面形式板式、点式均可，具体参考题目要求，但都要成组出现。注意：出入口需布置疏散广场，地面应配置一定量的停车位，有条件的还应布置地下停车场（图3-42）。

　　d. 文化区。

文化区对交通的要求较高，通常布置在靠近主干道或次干道

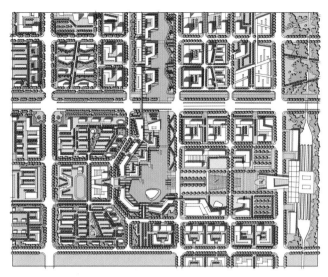

图 3-42 城市中心区商务建筑形态示意（饶勇绘）

的位置，不与其他功能区进行穿插，且建筑前均需设置人群集散广场。建筑形态独特，造型突出，景观配置丰富，包括文化馆、展览馆、博物馆、会展中心、影剧院、电影院。如果在同一地块内，同时需要画出两种或以上的建筑时，则需对建筑形态加以区分。

文化馆——以宣传文化为主体功能，一般为单体建筑或两个成组出现。

展览馆、博物馆——以陈列展出为主体功能，一般为多个单元体相互串联，且至少一个单体有大空间。

会展中心——具备包纳大型展品的能力，以展出、会议为主体功能，一般以大跨建筑的形式出现。

影剧院、电影院——有大舞台，要求有阶梯式的空间，建筑形式至少有一个建筑单体具有大空间（图3-43～图3-46）。

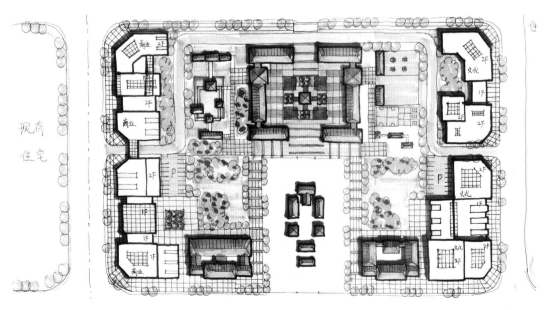

图 3-43 城市中心区文化建筑形态示例（郭文娟绘）

图 3-44 某城市中心区规划设计（任强绘）

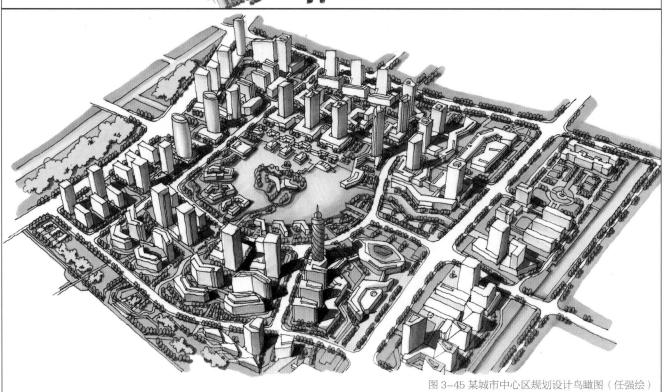

图 3-45 某城市中心区规划设计鸟瞰图（任强绘）

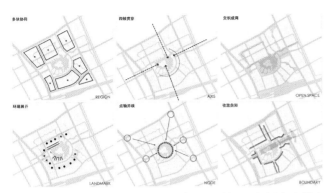

图 3-46 城市中心区规划设计分析图示例（图片来源：网络）

e. 公园。

公园一般作为主要的景观节点出现，如果考查，则可能基地内有需要保护的古树或古井等，设计时需注意大片绿地必须搭配好场地，植物景观应尽可能丰富。利用良好的景观来布置其他功能区，且注意与周边环境的配合，例如，当周边有居住区时，可考虑将公园设置在靠近居住区的一侧（图 3-47～图 3-49）。

图 3-47 城市中心区公园景观小水系表现示例（孙晴晴绘）

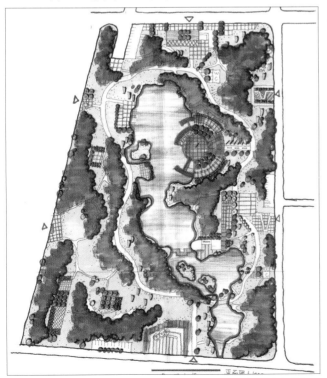

图 3-48 城市中心区公园景观水体为主表现示例（张凯悦绘）

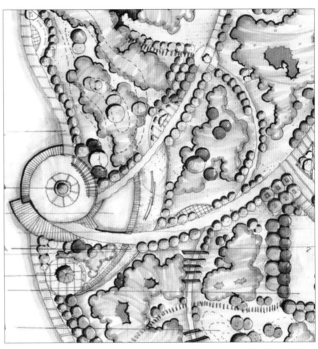

图 3-49 城市中心区公园景观植物搭配表现示例（刘子瑜绘）

（2）路网设计

路网设计需要考虑周边城市道路，需要注意一些规范。

①道路出入口（停车场出入口）满足条件。

距大中城市主干道交叉口不少于 70 米（自道路红线交点起）距非道路交叉口过街人行道（包括引桥、引道、地铁出入口）最边缘不应小于 5 米；距公共交通站台边缘不小于 10 米；距公园、学校等建筑出入口不小于 20 米。

②交通设计。

车行的组织：不建议另辟车行道，如果有需求，则不能将地块直接劈成两块，且需注意道路宽度、出入口位置。

人行流线组织：人车分流或者人流连续，根据人流的来源确定人行出入口。

停车位的配置要满足指标，考虑地面停车、地下停车相结合。

城市道路、主要道路、次要道路、人行路相互协调。

停车位的画法：标准机动车停车位 3 米 ×6 米，大巴停车位 4 米 ×12 米。

注意：内部道路与基地周边道路的关系、出入口的位置，以及规范要求（人行出入口不宜开设在快速路上，车行出口不宜开设在主干道上，车行入口与交叉口距离不小于 70 米等）。

（3）建筑布置和平面形态设计

根据已做好的分区和结构，在大的骨架中设计建筑平面形态，使建筑与设计结构相呼应，各分区内部流线明确，建筑形式变化丰富，场地景观布置得宜。

（4）细化环境

　　进一步细化环境，包括水系、绿化，尤其应注意重点刻画滨水、核心空间的景观（图3-50）。景观打造应考虑基地内部与周边环境的呼应，充分利用基地内原有的绿地、水体、微地形、山体，重视景观的连续性和整体性。结合步行流线，将各节点景观与核心景观联系在一起。

（5）景观环境

　　结合题目，有重点、有主次地设计景观环境，可以是点状式或带式，往往需要结合人行流线考虑。不仅中心区如此，其他类型的快题都需要考虑环境的设计，有核心空间的重点刻画，通过对其他次要节点空间环境的淡化处理来突出主次，环境设计要成系统，不可"各自为政"。

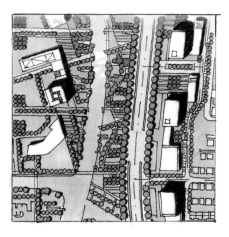
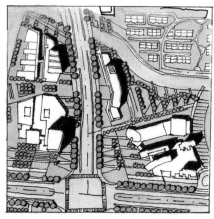
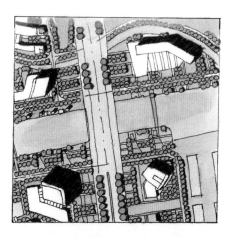
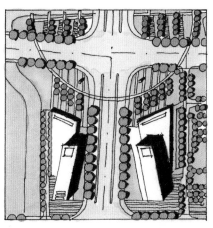

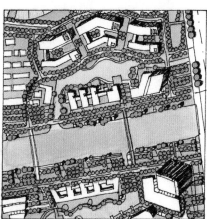
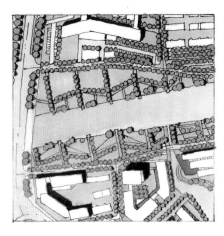
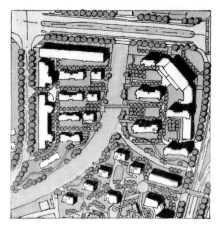
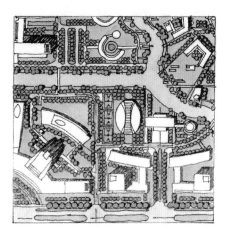

图3-50 滨水空间（徐志伟绘）

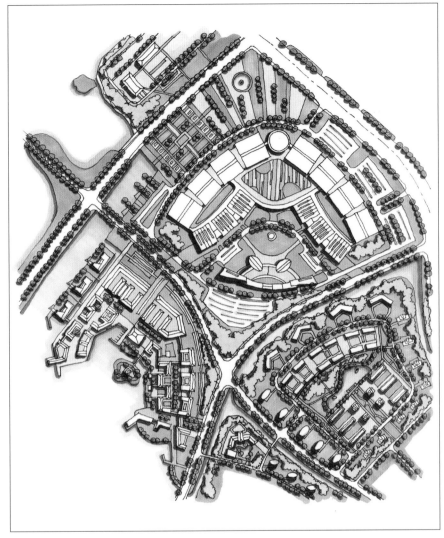

图 3-51 会展中心（徐志伟绘）

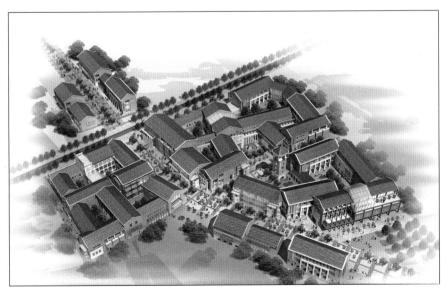

图 3-52 特色商业步行街（图片来源：网络）

①设计手法：先考虑大结构，再结合结构进行景观设计。景观元素包括：广场、入口、水系、山体、滨湖、公共绿地、轴线系统等。

古建与滨水景观的结合——树阵绿化、亲水平台。

②节点刻画：节点空间由建筑围合出来，节点之间通过步行流线串联，利用中心山水与步行流线之间的融合形成结构。水是景观空间中变化最丰富的元素，跌水、瀑布、喷泉、水池等做法均可使用。在快题设计中，可配以亲水平台、广场、廊架等设施，使水岸人性化、积极化（图3-51）。

③其他。在中心区的练习过程中，要多积累建筑平面的画法，考虑结构特征，注意空间的打造。如果题目背景为历史保护区域，需注意风貌的协调；古商业街的建筑布置要善于堆、叠，注意空间的变化和起承转合。新规划建筑形式和空间围合方式尽量与旧建筑风貌相协调，最好有一个过渡过程（图3-52）。

注意：商业类建筑不像居住建筑强调日照间距，但也需要满足如下消防要求：高层与高层主体建筑之间的最小间距不少于 13 米，多层建筑与多层建筑最小间距不小于 6 米；步行商业街长度不宜大于 500 米，并在每间距不大于 160 米处设置横穿该街区的消防通道。如果该地区是商住混合区，要注意功能上相互联系，空间上相互隔离，互不干扰，在做好结构和道路以后，要考虑功能分区。

4. 常见模式

商业中心区的设计通常可以归纳为大中心模式或轴线模式。

（1）大中心模式

有明显的核心空间，围绕该中心来进行分区布置，围绕大中心，通过步行流线将各分区联系起来。同时考虑各区域与中心的关系以及临近中心的环境设计。

利用山水资源打造中心大景观，剩下的空间、功能、结构可以顺着中心变化。大景观中心一定要有先前条件，打造后能够成为快题的一大亮点，这种模式可以很好地解决结构、空间的问题（图3-53）。

（2）轴线模式

轴线可以支撑起整个快题的结构框架，各次要轴线结合分区与大轴线衔接；景观与轴线互相结合，提升品质；大节点、小节点串在结构中，满足可达性。在设计时需注意以下几点：

理顺结构，将空间串联起来，做到有收有放、有主有次；将结构打造成快题的骨架，然后在骨架中填充建筑。结构一定要有理由，而理由来自题目信息；当出现多条结构时，主要结构可借助马克笔来表现（图3-54）。

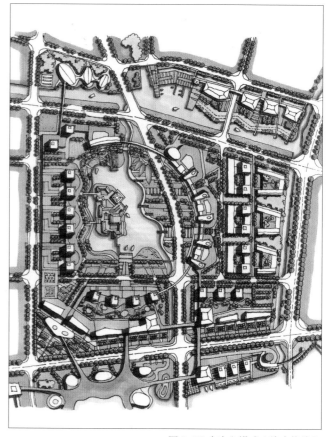

图3-53 大中心模式（徐志伟绘）

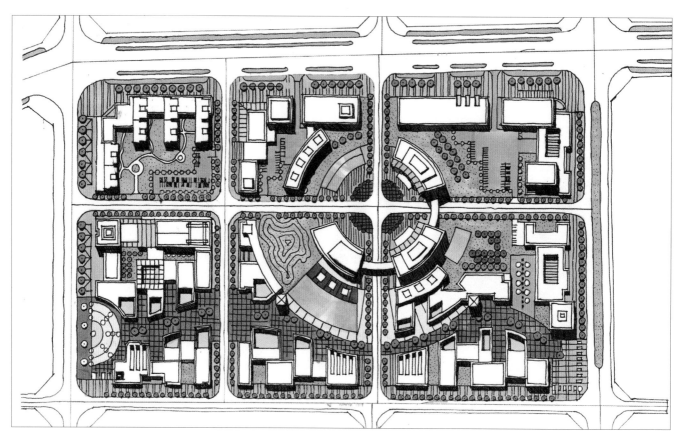

图3-54 轴线模式（王南立绘）

四、科技产业园区规划设计

1. 题型介绍

随着大学城的出现，国家越来越注重大学城的产业功能，科技产业园区是信息化、科技化、现代化成为一体的生态园区。主要功能包括培训、办公、科研、生产、会议、居住、购物、休闲娱乐、旅游、接待等。

科技产业园区设计很多学校都已考过，所以一定要予以重视。产业园区的特点介于中心区和校园园区之间，既有中心区功能的复合性，也有学校园区规划的内向性、规律性，要注意生态环境的塑造，景观要吸引人，具有生态性。

2. 解题策略

由于科技产业园区较城市其他功能区来说相对独立，其功能复合性主要体现在内部，服务人群也主要是内部工作人员。因此首先要解决对外交通问题，再解决内部功能分布的问题，整体结构在综合考虑地块地形地貌的情况下再开展。

（1）道路交通

园区主要出入口需要考虑周边城市道路等级，园区内部一般采用环路，便于解决各区域的交通。

道路出入口（停车场出入口）满足条件：距大中城市主干道交叉口不少于70米（自道路红线交点起）；距非道路交叉口过街人行道（包括引桥、引道、地铁出入口）最边缘不应小于5米；距公共交通站台边缘不小于10米；距公园、学校等建筑出入口不小于20米。

进行交通设计时应注意以下原则：车行的组织，采用环形路网，考虑地下停车场的布置以及出入口位置；人行流线组织，内部人流考虑各功能之间的联系；停车位的配置要满足指标，地面、地下停车场相结合；停车位的画法，标准机动车停车位3米×6米，大巴停车位4米×12米。

（2）功能设施

主要功能包括培训、办公、科研、会议、生产、居住、购物、休闲娱乐、旅游等。服务中心主要包括接待室、多功能会议厅、展示厅、办公科研开发楼等，使企业人员不出园区，就能够完全满足运作需求。其中娱乐配套设施包括健身房、电子阅览室、图书馆、休闲茶园、运动室等。

（3）景观环境

产业园区对环境要求较高，快题中如果出现水系，可以加以利用，借用水景打造环境。如果先天条件没有水系，那么考生设计中挖水时要讲究分寸，不可肆无忌惮；可以采用绿心模式打造公共绿地。景观打造应考虑基地内部与周边环境的呼应，充分利用基地内原有的绿地、水体、微地形、山体，重视景观的连续性和整体性。

（4）结构形式

①轴线式（图3-55、图3-56）。

将公共服务以及研发等主要功能，用轴线的延伸来引导，成为整个科技园区的走廊和流线。

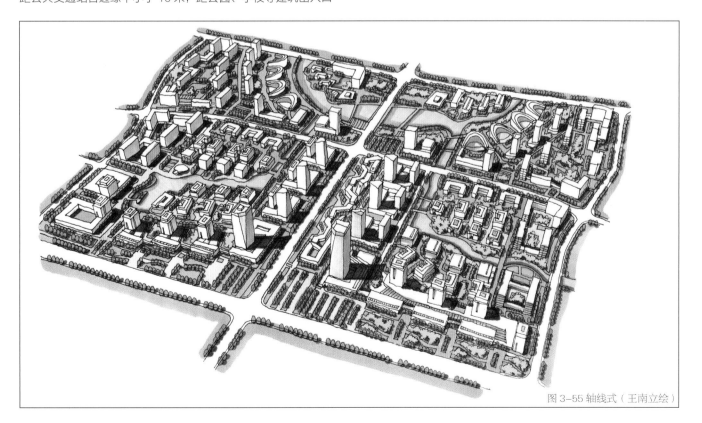

图3-55 轴线式（王南立绘）

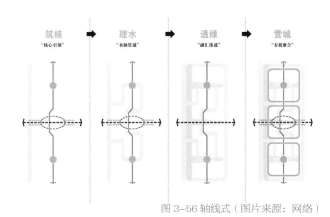

筑核　　　　　　理水　　　　　　透绿　　　　　　营城
"核心引领"　　　　"水脉贯通"　　　　"融汇渗透"　　　　"有机聚合"

图 3-56 轴线式（图片来源：网络）

②组团式。

各生产研发等主要功能区域组团式安排在公共服务设施周边，这种模式往往是由道路或者环境将地块划分成一个个组团。道路分隔成组团，各组团中有各自的核心空间（图3-57）。

③绿心式。

打造中心核心景观环境，以此为整个园区的重心，其他功能区随之展开。这种模式在园区设计中很好用，需要结合流畅的步行组织和车行系统（图3-58）。

图 3-57 组团式（饶勇绘）

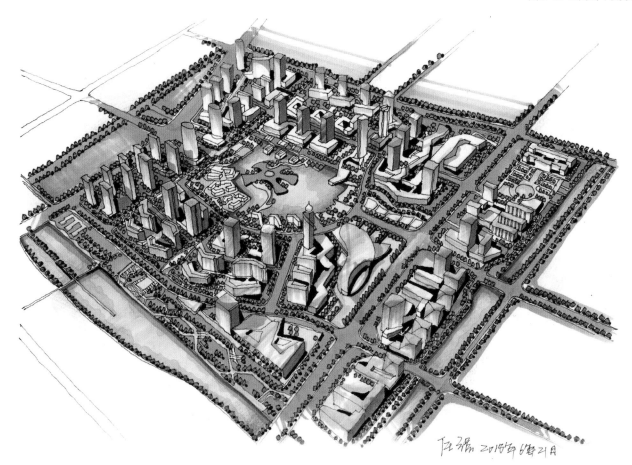

图 3-58 绿心式（任强绘）

3. 设计步骤

总的设计思路：第一步，规划空间结构和功能分区；第二步，设计路网；第三步，细化每个功能分区中的建筑形态以及空间场地；第四部，细化空间景观轴线。

在设计中需要注意以下几点：

①将科技园区的核心功能如研发、会议、展览等放在中心处。

②配套的其他公共建筑随着分区，围绕中心进行布置，注意步行轴线之间的联系。

③在道路设计上，可以采用环路设计。

④科技园区注重中心景观的刻画，体现生态性。

⑤配套的停车设施要充足。

⑥有时需要配套居住公寓，应注意交通和用地组织。

五、工业园区规划设计

1. 题型简介

工业园区的规划设计在考研中出现的比例并不高，但基本的注意事项仍需了解。

2. 解题策略

（1）功能分区

主要功能区包括生产区、生活区、管理区、展销区，空间上要有明确的动静分区，部分公共建筑应呈对称式布局，以示大气、高端。

园区配套设施：食堂、宿舍（住宿）、服务中心、娱乐配套。

风向：厂区布置在主导风向的下风位，食堂和宿舍布置在上风位；环境较好的地带，厂区可以集中布置，露天的堆场和卸货场所独立设置。

（2）道路交通

工业园区、产业园区等一般位于城市边缘，要和周边同等类型的用地有比较方便的交通联系，强调对外交通的便捷性。

①主要道路。通道的车行宽度不宜小于 15 米，两侧人行道宽度不宜小于 3.5 米，道路总宽度不得小于 22 米；两侧有非机动车道时不得小于 32 米。

②次要道路。机动车道宽度不宜小于 8 米，两侧人行道不宜小于 3.5 米，道路宽度不得小于 15 米。厂房的防火间距为 9 米，加上两侧的预留停车位，总计为 21 米，故画比例为 1：1000 的快题，图纸上道路宽度 2 厘米即可。

③停车问题。消防通道最小 9 米；大货车通行，至少要有 12 米的转弯半径；园区中通常是环形道路，应注意回车空间。

（3）建筑形体

考虑内部空间的使用，工业园区中的建筑要尽量四角垂直，以方便使用，避免出现尖角建筑。标准化生产车间等要组团式布局；生产用房保证交通便捷，满足消防要求；厂房的尺度比较大，跨度也较大，需把握好尺寸。

（4）景观环境

用地范围内有高压走廊时，不能布置建筑、构筑物，但是可以造水，或者设计景观绿地，形成大片绿地和水系。

在规划旧工业区改造时，善于运用保留下来的工业建筑、构筑物（如船厂中的船台、起重机、标志物等），打造工业景观，再结合工业景观布置公共空间、博物馆、绿地空间、轴线等。此外，结合原有地块功能，还可以增加一些趣味性、相关联的景观小品。

有意识地创造景观空间。工业园区一般用地较为空旷，建筑密度较小，应充分利用建筑外空间进行景观环境设计。整个用地的景观系统应成系统布置，有主有次。

3. 设计步骤

（1）同步考虑功能分区、交通系统和空间结构

通过审题，合理进行功能分区，同时协调地段现状、预设整块用地的空间结构，以及主要车行道路走向和出入口位置。

功能分区：各功能区协调好相互关系，动静分区合理。生产区组团、展销区域有比较便捷的交通条件，以方便与用地外部联系，生活区相对安静，并与生产区分离。

空间结构：最好有明确的空间轴线，串联各开敞空间。

车行组织：车行道出入口位置和数量，合理的道路选型。

人行流线组织：人车分流，人流连续，人行入口的选择由人流来源确定。

（2）建筑布置

根据已做好的分区和结构，在大的骨架中布局不同类型的建筑，注意周围外部环境对内部基地的影响。例如，厂房等成组团布置，生活区住宅考虑建筑朝向和日照间距（图3-59）。

（3）细化环境

景观打造应考虑基地内部与周边环境的呼应，充分利用基地内原有的绿地、水体、微地形、山体，重视景观的连续性和整体性。进一步细化环境，包括水系、绿化，尤其应注意重点刻画滨水、核心空间的景观。住区内包括核心绿地、组团绿地和院落绿地，通常结合步行流线，将各节点景观与核心景观相联系。

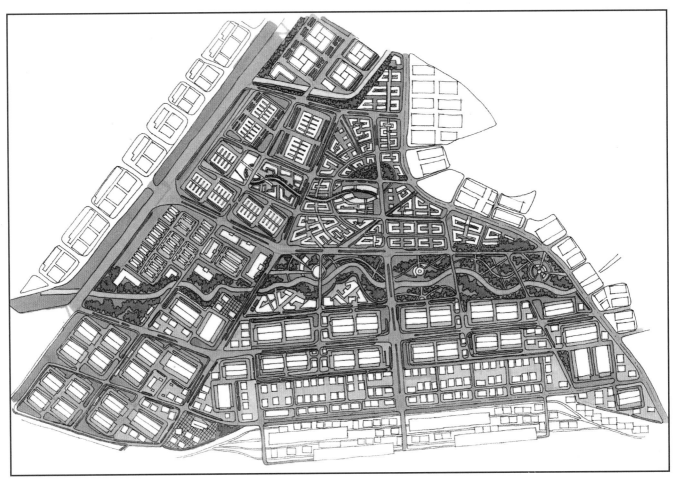

图 3-59 工业园区规划（吴康乐绘）

六、历史街区规划设计

1. 题型简介

历史文化更新与保护类的快题一直是个热点，各高校出现该类型考题的频率很高，应引起重视。在解题时需注意以下几点：

①当基地背景是历史文化名城时，其定位为历史文化名城内的规划设计。在这样的区位背景下，要确保规划地段与区位整体风貌的一致性，包括在设计思路和建筑形态上保持一致。

②周边毗邻具有历史文化价值的建筑。这种情况下，就要考虑整个结构和外部环境之间的关系，包括入口的处理、结构的设计、地段内部功能的分区、对景等手法的运用。建筑形态上考虑古建和现代建筑哪种更合适、更协调。

③地段内部具有历史文化价值的建筑或建筑群。注意综合周边环境和地段内的保留古建，考虑整体的人流组织，以及保留历史文化建筑的处理手法。

④城市或旧城的更新改造，要考虑原有建筑风貌以及规划后的要求。例如，原有建筑有所保留还是全部拆除；毗邻现代地段时，规划设计的过渡考虑；考虑安置问题时，规划设计的定位要明确（图 3-60 ~ 图 3-64）。

2. 解题策略

（1）道路交通

主要出入口需要考虑周边城市道路等级。设计上要注意以下规范：

①道路出入口（停车场出入口）满足条件：距大中城市主干道交叉口不少于 70 米（自道路红线交点起）；距非道路交叉口过街人行道（包括引桥、引道、地铁出入口）最边缘不应小于 5 米；距公园、学校等建筑出入口不小于 20 米。

②交通设计时注意以下原则：车行的组织，采用环形路网，同时考虑地下停车场的布置以及出入口位置；人行流线组织，内部人流考虑各功能之间的联系；停车位的配置要满足相关指标，考虑地面停车和地下停车相结合；停车位的画法，标准机动车停车位 3 米 ×6 米，大巴停车位 4 米 ×12 米。

（2）功能分区

历史文化街区保护设计所包含的功能多集中在商业、旅游、服务等。根据建筑性质进行分区是最基本的要求，分区设计需要考虑以下几点：

①周边用地的特性。根据周边用地的性质、地段内部的现状条件等进行分区，同时考虑各功能区之间是相互吸引还是相

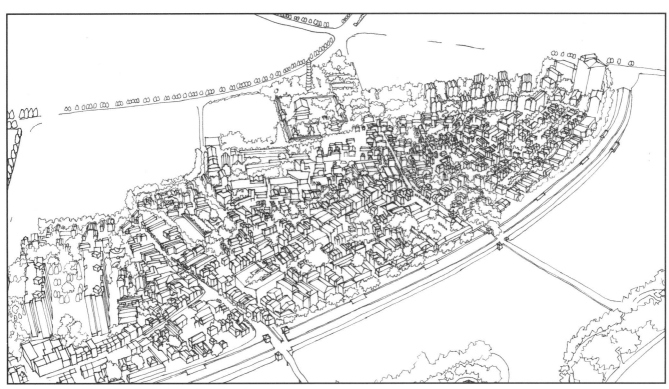

图 3-60 历史街区规划（一）（吴康乐绘）

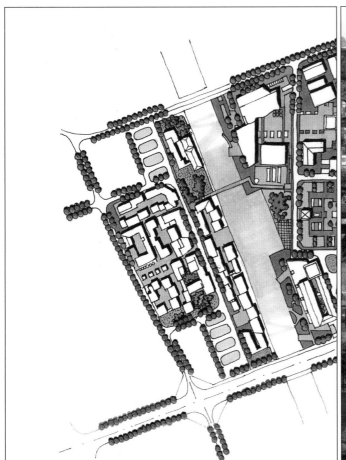

图 3-61 历史街区规划（二）（吴康乐绘）

图 3-62 历史街区规划（三）（图片来源：网络）

互排斥。

　　②各功能区的性质和特点。

　　③基地现状条件，是否有保留的建筑可以利用等。

　　④分区时应考虑建筑层高，是否与保留的古建或周边建筑群相协调。

图 3-63 历史街区规划（四）（图片来源：网络）

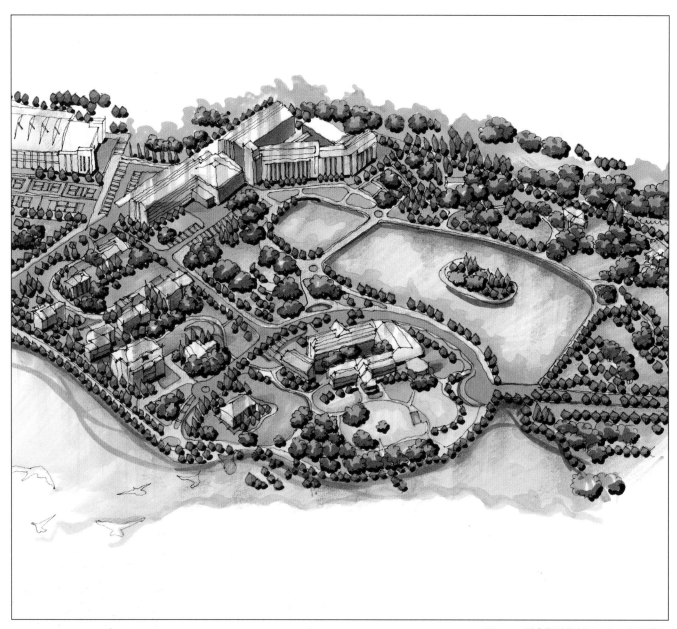

图 3-64 历史街区规划（五）（任强绘）

3. 处理手法

（1）古建筑、旧民居

古建筑是指具有历史意义的古代民用和公共建筑，以及民国时期的建筑。要从发展的角度来看待、保护古代建筑和文化遗产，既让古代文化保存于世，也让部分古代文化遗产产生利用价值。

处理手法：做开敞处理（退一定的距离），并顺应其肌理布置建筑（保留建筑周围的建筑风貌和控制建筑层数）。

（2）古树

古树一般是指树龄在百年以上，树种稀有，数量稀少，具有历史价值、纪念意义、文化底蕴的树木。一般考虑结合文化场所或者公园来做。

处理手法：

①以古树为中心，与其他绿化形式排列组合（从绿地到硬质铺地到树阵的过渡）。

②作为绿地景观来布置，注意其周围场地的植物搭配，配色上可用略微鲜艳的颜色来突出其重要性。

③作为院落空间中的一个元素。

④与文化场所结合，做景观节点。

⑤硬质广场结合水系绿地等景观元素。

⑥不做轴线上的节点，作为组团景观与主要景观相联系，如水系、步行系统、视线通廊等。

⑦在多棵古树之间，古树与其他保留物之间寻找关系。

（3）古桥

古桥不仅是为交通而修建的架空通道，也是一件艺术品，具有交通价值、观赏价值和纪念价值。

处理手法：

①对于保存现状良好，可以通车、通人的古桥直接保留，同时考虑与主要景观节点的联系。

②做新古对比呼应（仿古建新或新的形式）。

③作为主要步行轴线的一部分加以利用。

（4）古井

古井是传统街坊中重要的空间景观要素。在街巷中，它们常常会成为线性景观的重要补充，树和水井所形成的带状空间，会成为空间的节点或小广场。

处理手法：做开敞的广场上的特殊元素，院落空间中的某一元素。

对于题目中给出的带有历史性的物体有以下几种处理方法：

①将保留物"供起来"，做成核心；或与其他区域相对隔离，凸显保留物的位置和价值；或刻画环境，凸显重点空间。

②将保留物融合到建筑中去。通过建筑的搭接，巧妙地将保留建筑融合到整个规划中。

③通过结构（人行、车行、景观系统）将保留物串到总结构

中。此处可以重点刻画，以形成主要的节点，并与其他次要节点相协调。

注意：古建筑的运用往往是有理由的，在没有充足理由的情况下，整体采用古建的处理手法来考虑是不妥的。有时滨水空间的处理、休闲娱乐区域的打造等，也可考虑古建筑的运用。

4. 建筑形式

古建筑表达相对灵活，大体上有两种平面布局的方式。

①庄严雄伟，整齐对称。平面布局的特点是有一条明显的中轴线，在中轴线上布置主要建筑，在中轴线的两旁布置陪衬建筑，主次分明，左右对称。

②曲折变化，灵活多样。不求整齐划一、左右对称，讲究因地制宜，相宜布置。这种布局原则由于适应了我国不同自然条件的地区和多民族不同文化特点、风俗习惯的需要，一直沿用至今，并有科学的理论基础。

5. 解题步骤

（1）审题

在历史街区规划设计中，审题尤为重要。明确快题的定位，保留元素的处理手法会影响结构，例如，当保留物处于地段外时，如何与之在结构或建筑形制上相呼应；当保留物位于基地内部时，如何加以利用。

（2）空间结构与功能分区

根据周边用地性质来设计，协调功能分区，注意保留物的影响。

（3）古建筑的表达

古建筑除了在自身形态上等级不同之外，也要注意组织院落空间。在做好的结构基础上，熟练驾驭古建筑，具体可参见城市中心区规划设计的建筑布置和平面形态设计。

（4）要点

城市更新、历史街区保护类的规划快题有如下要点：

①新规划建筑形式和空间围合方式应尽量与原建筑风貌相协调。

②如果周边有大片要保留的历史建筑，在处理新、旧规划区时，可以运用公共建筑或公共空间来衔接。

③如果所有旧建筑均可拆除，可以适当考虑设计现代建筑。

④在现代建筑之上，也可设置古建筑或屋顶形式等。

⑤古商业街的建筑布置要善于堆、叠，注意空间的变化和起承转合。

第四章　真题作品解析

Interpretation of Examinations

一、北方某城市居住区内部分居住及社区中心规划设计

1. 真题题目

（1）基地概述

基地位于北方某城市老城区，基地分为 A 和 B 两部分，总用地面积共计约 10 公顷，详见图4-1。整个基地南邻城市主干道，西邻城市次干道，其余均为城市支路，周边为已建和待建小区，现有居住建筑多为 6 层现代风格，基地 B 内有一个省级文物保护单位，由若干古建构成，原有功能为商业会馆，保存相对完好，文物保护单位周边划定绝对保护范围，古建外边界各向外 20 米，详见图 4-2。基地内地势平坦，除古建外没有任何需保留的建筑、构筑物。

（2）规划部门要求

①基地 A 内功能以部分居住和一所 12 班幼儿园为主，基地 B 内按照居住区级配建部分其他公共设施（表 4-1）。

②对基地功能进行合理布局，结合拟建居住建筑、公共设施、与公共空间进行合理组合。

③需考虑与文物古迹的关系。

④结合基地周边环境，考虑基地 A 和 B 的整体关系。

⑤建筑后退：主干道路不小于 8 米，次干道及支路红线不小于 6 米。

（3）设计表达要求

①表达构思的分析图若干。

②总平面图 1：1000，要求标注各设施的名称。

③各主要规划设计图（规划构思、规划结构、功能配建、交通系统规划）。

④空间效果图不小于 A3 幅面，可以是轴测图等。

⑤规划设计说明、经济技术指标。

⑥图纸规格为 2 号图纸，不少于两张。

（4）公共设施配建要求（面积可上下浮动 10%）

表 4-1 基地 B 内的公共设施

项目	建筑面积（平方米）	用地面积（平方米）	建筑层数	其他
社区文化中心	10 000	10 000	2～3	功能自拟（可以是观演或展览功能）
休闲商业区	10 000	10 000	2	考虑和文物古迹原有功能的承接关系，具体内容自拟
社区休闲场地	2000（管理服务）	30 000～35000	—	内部功能设施自定
12 班幼儿园	3500	5000	2～3	—
停车	—	2000	—	—

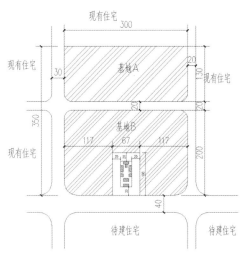

图 4-1 基地及周边环境

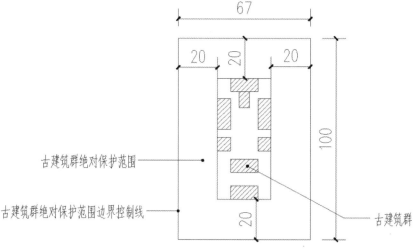

图 4-2 古建及其保护范围

2. 题目解析

任务书中可以提取出道路等级，可推导出居住区的车行开口方向。题目中已明确给出 A、B 两个地块的不同用地性质，其中 A 地块以居住为主，B 地块内按照居住区级配建其他公共设施，主要功能有社区文化中心、休闲商业区、社区休闲场地。考试应着重考虑古建这一限定因素，以及各功能区与古建的关系。

①功能分区：A 地块居住小区以多层为主，配建 12 班幼儿园、小区会所；B 地块中社区文化中心宜布置在靠近主干道或次干道一侧，休闲商业区宜靠近古建，且以仿古形制为佳，忌过于现代的造型；社区休闲场地可结合公园形式在靠近居住区一侧布置，且与古建有较好的结合。

②空间结构：着重注意 A、B 两个地块在空间上的联系，不可过于分割两个地块。在各自地块中，需有各自主要的结构，因居住地块较小，可着重突出公建的位置，B 地块可围绕古建做核心节点。

③道路交通：A 地块中的居住可向南侧和东侧开口，小区必须有至少两个车行出入口，考虑人行入口的设置和小区的停车需求，并设置地上停车位和地下停车库的出入口；B 地块尽量不设计车行道路，若有需要，可向北侧、东侧支路开口。

④建筑形态和景观设计：题目中涉及的商业、文化、居住等建筑需要满足基本的功能需求，体现建筑性格；景观设计应考虑各级绿地设计的关系，使其清楚而富有层次。

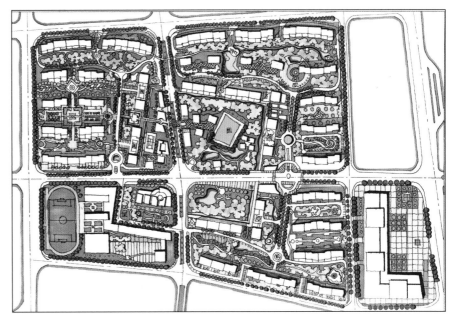

图 4-3 居住区参考案例（一）（鲁东东绘）

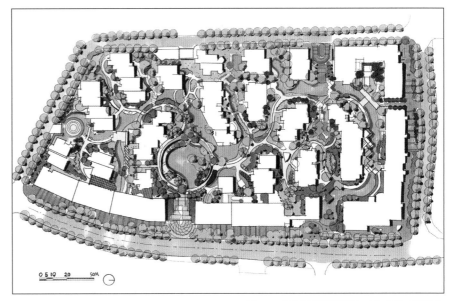

图 4-4 居住区参考案例（二）（徐志伟绘）

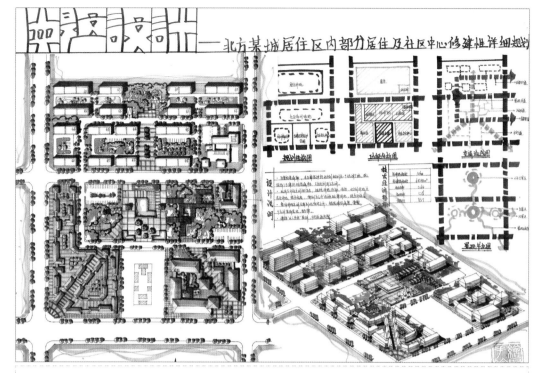

作者：李安／表现方法：钢笔＋马克笔／时间：6小时

优点： 规划结构清楚，古建保护区与整体规划结构相协调，功能分区合理；运用步行系统连通 A、B 两个地块，商业街步行流线明确；景观处理详略得宜，图面表达完整、美观，鸟瞰图效果较好。

缺点： 缺少指北针、车行出入口等需要标注；居住区建筑表达不完整（缺少楼梯间）；仿古商业街的形制表达不准确，空间尺度太大，形似神不似；部分地区的铺装效果未与周边环境相融合；鸟瞰图将古建保护区留白不妥。

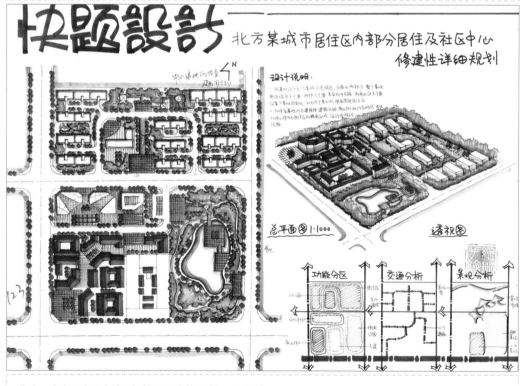

作者：李安／表现方法：钢笔＋马克笔／时间：6小时

优点： 功能分区合理，路网设计符合要求；建筑形式表达基本到位；分析图画的样式与整个图面效果搭配较为灵活。

缺点： 没有一个主要的结构将各组团串接起来；商业建筑尺度过大，社区文化中心的建筑形式过于高级；广场铺装简单，公园水面过大（基地周边没有可调用的水源），景观植物搭配过于单调；鸟瞰图整体感不强。

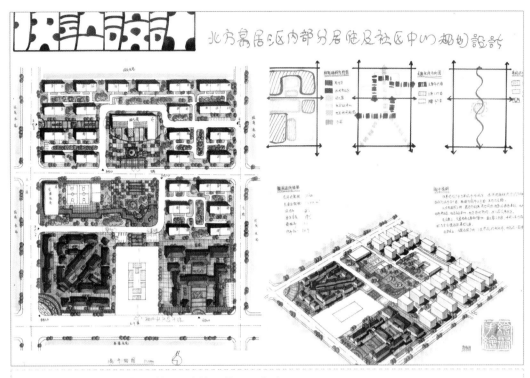

作者：许春城 / 表现方法：钢笔＋马克笔 / 时间：6 小时

优点： 规划结构时能将古建保护区考虑在内，交通组织有条理，能考虑到不同功能分区的需要；形制基本正确，图面完整。

缺点： 规划结构不精细、不明晰，居住区分两个部分布置，太过分散；公园的硬质铺装太多、植物太少；商业街的建筑体量过大，流线不清晰；分析图表达得过于简单，技术经济指标和设计说明的字迹不规整。

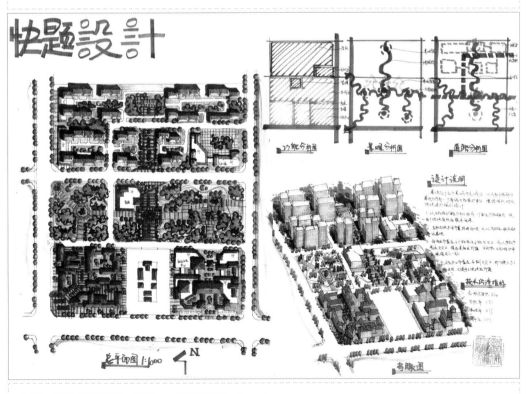

作者：蔡晴 / 表现方法：钢笔＋马克笔 / 时间：6 小时

优点： 规划结构明确，功能分区合理；建筑体量规范，步行轴线纵横串联各区域，使各功能区联系得较为紧密，商业流线清晰。

缺点： 建筑功能标注不完整，公园植物搭配太单调，鸟瞰图画得有点粗糙，平面图用色上建议区分度再高一些。

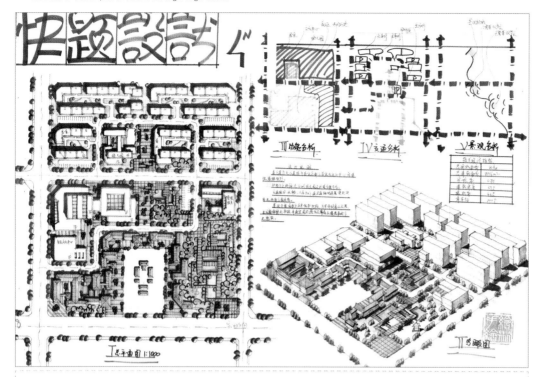

作者：李安／表现方法：钢笔＋马克笔／时间：6 小时

优点：规划结构较为明确，各功能布置合理妥当；交通系统流畅，运用步行路线将各功能区串联在一起；对古建保护区的利用较为妥当，仿古商业街的形制掌握得较好；景观组织有条理、成系统。

缺点：公园的植物覆盖率略低，居住的建筑密度过大，绿地率较低；分析图在表现上太过随意；鸟瞰图在居住区的表现上略显粗糙，整体感不强。

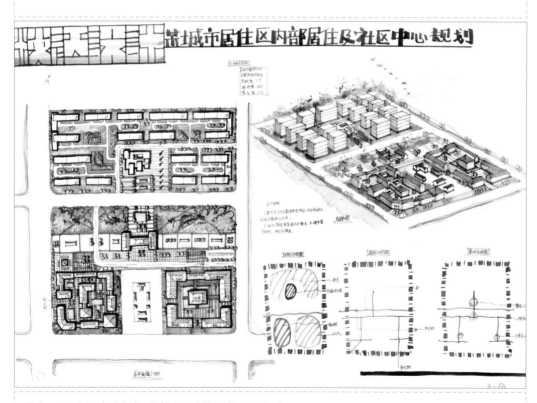

作者：王一彤／表现方法：钢笔＋马克笔／时间：6 小时

优点：规划结构明显，仿古商业街的形制基本合理；整体图面表达完整，鸟瞰图表现详略得当。

缺点：整个图面表达过于生硬，居住区二级路网组织不完善，欠缺停车位，景观不成系统；公园植物搭配不丰富，欠缺场地设计；铺装略显单调，轴线表达上无主次；分析图画得不精细，表达不到位。

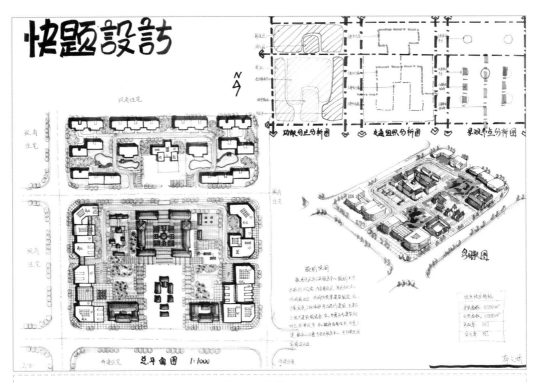

作者：郭文娟 / 表现方法：钢笔 + 马克笔 / 时间：6 小时

优点：规划结构明显，路网组织较为流畅，建筑形式较为丰富，与整体融合感较好，图面表达完整。

缺点：居住区空地没有表达任何内容，景观中水系处理得不妥当；功能区的分布不太合理，商业街的流线组织与其他功能相交叉，容易造成人流冲突；公园植物搭配太单一且覆盖率不高；分析图画得太单薄，鸟瞰图太小，表达不完全。

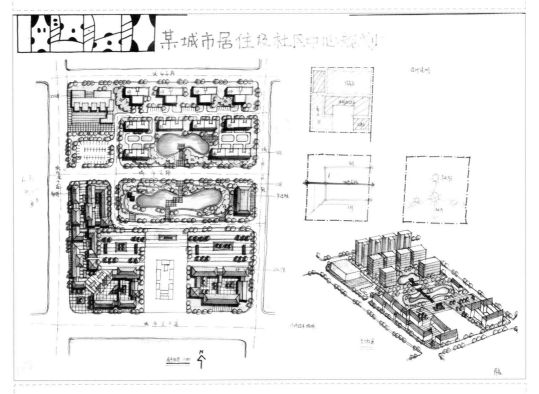

作者：陈辰 / 表现方法：钢笔 + 马克笔 / 时间：6 小时

优点：功能分区明确，路网组织流畅；仿古商业街建筑形制体量把握得较好，人流组织明确、合理。

缺点：能看出规划结构的意图，但处理上过于直接，水系设计得不太合理；公园设计上欠缺植物的搭配，太单一；在各分区的铺装和景观处理上不精细；分析图太简单，不够美观，鸟瞰图不完整，色彩效果不理想。

二、某居住小区规划设计

1. 真题题目

（1）基地概况

基地位于中部某城市老城与新城交界处，用地面积 11 公顷左右，用地平坦，南侧临近城市内部景观排洪河道，河宽 50 米（绿线控制见图 4-5）。基地西侧的城市交通性主干路对面为商业办公、居住，基地东侧的城市支路和北侧的城市次干路对面为居住。

（2）设计内容

① 住宅、建筑面积自定（多层、高层）。

② 商业服务设施，建筑面积 10 000 平方米，包括商铺、超市、金融、邮电、综合服务设施等。

③ 社区服务中心，建筑面积 4000 平方米。

④ 6 班幼儿园，用地面积 2000 平方米。

（3）规划要求

① 容积率 1.5 左右。

② 建筑密度不大于 30%。

③ 绿地率不大于 35%。

④ 建筑红线后退绿线 10 米以上，后退道路红线 5 米以上。

⑤ 地面停车位不超过总停车位的 10%，地下停车设置出入口位置即可。

（4）成果要求

① 规划总平面图 1 ：1000。

② 功能结构分析图、道路交通分析图、景观系统分析图。

③ 整体鸟瞰图。

④ 经济技术指标和说明文字。

2. 题目解析

① 功能分区：该居住小区虽然包含商业服务设施、社区服务中心、幼儿园等公建，但最重要的功能空间还是居住空间（包括小区内部的绿化），切勿主次颠倒、比例失衡。商业服务设施可结合城市道路、小区出入口布置；社区服务中心、幼儿园可以放在小区中心绿地上，也可结合小区主要出入口布置。由于基地南侧有河道，小区内部的中心绿地需要考虑与滨水空间的联系。

② 空间结构：作为一个居住小区设计，需要做到建筑、绿化、道路与交通等系统的分级与整合关系。建筑布局应均衡、组团感明确，用建筑围合组团绿地和中心绿地，并注意道路系统的分级。有分工地服务不同的区域，解决整个小区的交通问题；适当运用人车分行的手法，保证公共休闲空间的延续性和可达性，并且串联起整个小区的不同区域。

③ 建筑形态和景观设计：题目中涉及的商业、文化、居住等建筑需要满足基本的功能需求，体现建筑性格；景观设计要考虑

对南侧水景资源的利用，各级绿地设计关系清楚且富有层次。

④ 道路和交通规划：小区至少有两个车行出入口，同时考虑人行入口的设置，可与车行入口合并设置，也可分设，避免在城市交通性主干道上开车行口。考虑小区的停车需求，设置地上停车位和地下停车库的出入口。

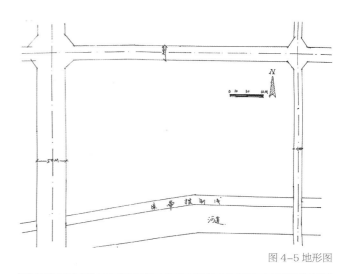

图 4-5 地形图

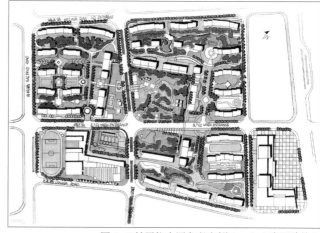

图 4-6 某居住小区参考案例（一）（李国胜绘）

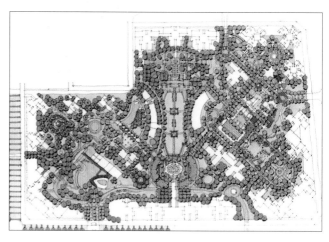

图 4-7 某居住小区参考案例（二）（饶勇绘）

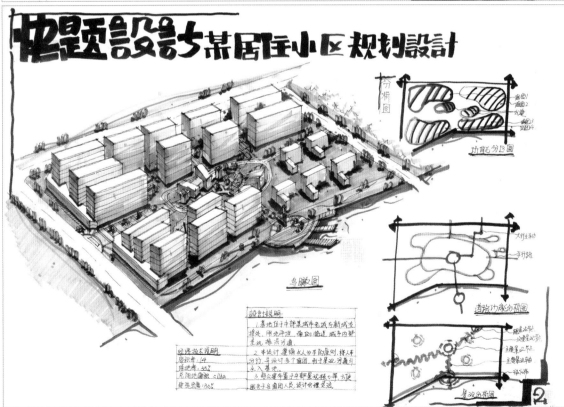

作者：王一彤 / 表现方法：钢笔＋马克笔 / 时间：6 小时

优点： 规划结构布局合理，组团设置均衡，步行系统连通了主要人流入口、中心绿地、滨水空间；小区道路成系统布置；景观设计深度适中，图面表达完整、美观，鸟瞰图效果较好。

缺点： 穿越东北居住组团的小区人行出入口设置不合理，东北组团内组团路设置不合理；小区整体建筑开发量不能满足容积率要求，别墅区建筑尺度失真，沿街商业退让道路红线距离过大；中心湖面尺度和形态不够大气，滨水码头的设计过于突兀，忽视了河道 50 米的范围限制。

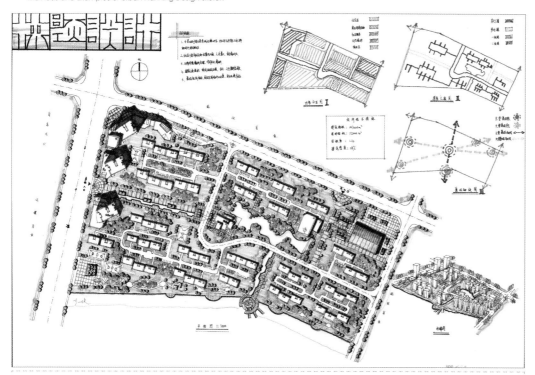

作者：陈鹏鹏／表现方法：钢笔＋马克笔／时间：6小时

优点：图面表达基本符合要求，鸟瞰图关系清晰，分析图表达清楚，道路系统流畅清晰。

缺点：建筑形态和广场空间有待丰富，建筑布局需要更好地呼应空间；组团关系缺乏秩序，幼儿园朝向需要调整；
景观设计过于简单。

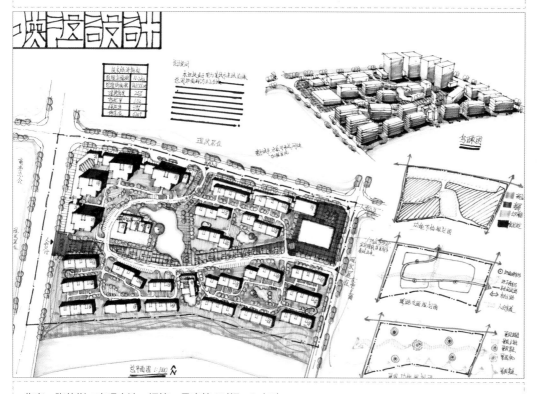

作者：张倚彬／表现方法：钢笔＋马克笔／时间：6小时

优点：图面完整，构图平衡，不同等级的建筑形式正确，建筑间距基本能够满足日照要求；公建配置完整，
功能布局合理。

缺点：建筑面积有缺点，容积率明显不够，不能满足任务书要求；车行道路与人行道路略显奇怪，可适当加
强两者之间的距离，居住建筑尺寸错误。

三、某私立中学修建性详细规划

1. 真题题目

（1）基地概述

基地位于南方某城市新区，总用地面积为 86 000 平方米，西面临城市主干道，北面依城市次干道，东面为城市支路，南面为已建居住小区（见图 4-8）。

规划部门要求：

①建筑密度不超过 20%，建筑高度不超过 5 层。

②南北建筑间距不少于 1.2H（H 为南面楼之高度）。

③建筑后退：城市主干道红线不小于 8 米，城市次干道红线不小于 6 米，后退城市支路红线不小于 5 米。

④在校门附近布置适量的停车位。

（2）项目要求

①功能分区合理。

②交通组织合理。

（3）项目具体内容

①教学行政楼：18 000 平方米，其中教学楼 10 000 平方米，行政楼 8000 平方米，可分设或合设；教学楼包括 60 间标准教室和相应的公共面积，采用单廊式（见图 4-8），建筑间距不小于 25 米。

②实验图书综合楼：7500 平方米。

③音乐美术综合楼：4000 平方米。

④综合体育游泳馆（2 层）：4500 平方米。

⑤学生宿舍：22 000 平方米，包括 400 间 6 人宿舍和相应的公共面积，采用单廊式（见图 4-8）。

⑥食堂：4000 平方米。

⑦运动场地：标准 400 米跑道带足球场 1 个，标准篮球场 4 个，标准排球场 2 个，室外器械活动区 2 个（见图 4-8）。

（4）规划成果要求

①总平面图 1：1000，标注各设施之名称。

②空间效果图不小于 A3 幅面，表现方法不限，可以是轴测图等。

③表达构思的分析图若干（功能分区图和道路交通分析图为必须）。

④简要的规划设计说明及主要指标。

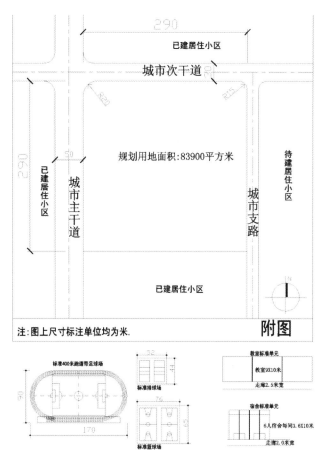

图 4-8 地形图

2. 题目解析

①功能分区：校园中包含教学区、运动区、生活区三大分区，教学区作为学校形象不宜过吵，宜设置在城市干道边；运动区可放在城市主干路边，可以隔绝噪声；生活区公共性较弱，相对需要安静的环境，适宜放在东南侧城市支路边，与已建居住小区结合布置。食堂的布置宜靠近次入口，满足送货、运输垃圾的需求，同时又方便教学区和生活区的人群。

②空间结构：注意校园内部空间的秩序，可运用对景、步行轴线等手法将校园内的三大功能区整合起来。

③建筑形态和景观设计：教学建筑、体育建筑、宿舍建筑应满足基本的功能需求，体现建筑性格，并注重校园内景观的设计。

④道路和交通规划：可采取人车分行的方式，既满足校园车行的需求，又保证师生活动的安全性。停车设施应设置在主次入口附近，但又不影响公共空间的形象。

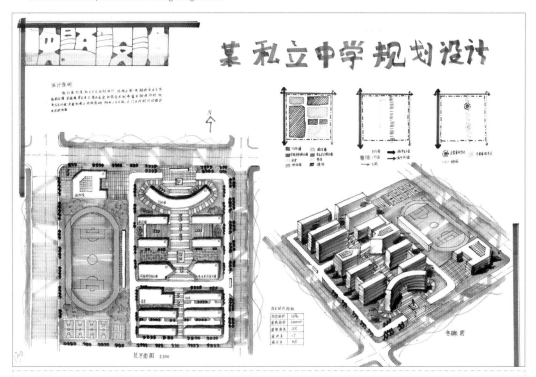

作者：杨飞飞 / 表现方法：钢笔 + 马克笔 / 时间：6 小时

优点： 功能分区合理；建筑布局形式感强，形式与功能统一，考虑了入口空间围合和对景观、干路交叉口的影响；人车分流，外环车行路开口位置、线形适宜；步行系统结合景观轴线设置，有一定空间变化。

缺点： 食堂位置较靠内，后勤食材和残余食物运输流线过长，影响内部空间环境；行政楼、教学楼之间应有一定连廊连接；棒球场东西向设置不合理，且过于内置，离教学区太远，会给上体育课的学生、教师带来诸多不便。

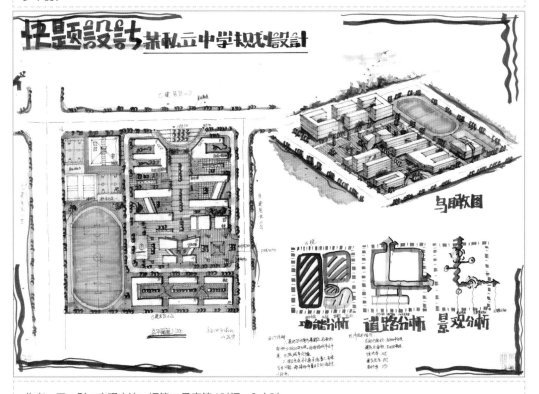

作者：王一彤 / 表现方法：钢笔 + 马克笔 / 时间：6 小时

优点： 功能分区、道路开口及线形、步行系统、建筑形式与布局方式基本满足设计要求，整体方案无明显问题和硬伤。

缺点： 景观系统设计零碎，深度有待加强；运动场跑道画法有误，食堂与教学楼距离太近，易产生干扰。

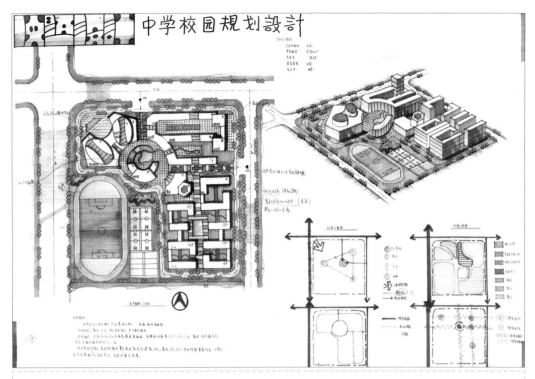

作者：郭文娟／表现方法：钢笔＋马克笔／时间：6 小时

优点： 环形路网便于解决各功能区的交通需求，建筑布局形式感强，与功能较为统一；景观设计与建筑环境相结合，处理得当；图面表达完整，分析图表达准确，鸟瞰图精细。

缺点： 宿舍区建筑的长度过长，不符合消防规范；教学楼之间的场地不应该有太多绿化，核心区域的广场绿化太少。

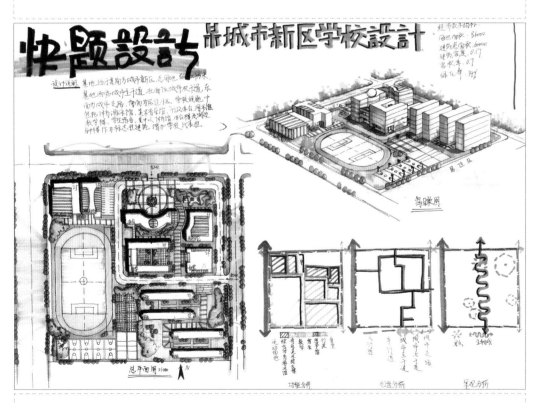

作者：杨梓惠／表现方法：钢笔＋马克笔／时间：6 小时

优点： 建筑布局形式感较强，形式与功能相统一，景观设计关系清楚，有一定深度；图面表达完整。

缺点： 宿舍区建筑与场地关系不佳；篮球场太内置，不方便学生、教师上体育课；车行路线形有待商榷，从用地中部绕出，难以满足宿舍南区的交通需求和消防要求；教学区和生活区之间的步行系统衔接不畅。

四、某职业中专校园规划设计

1. 真题题目

（1）基地条件

南方某城市拟在高新技术园区内新建一所职业中专，学校规划用地为 15.4 公顷。地块北面、西面临城市道路，南侧毗邻凤鸣山（山高约 150 米，山顶处有一古塔为市级文物保护单位），用地东侧与筹建的园区科技孵化中心相邻。用地现状条件较好，地势平坦，内有几处水塘，地形见图 4-9。

根据建设内容和规划要求，提出功能布局合理、结构清晰、形式活泼、环境友好的校园规划设计方案。

（2）建设主要项目内容

教学楼：约 16 000 平方米。

图书馆（含信息中心）：约 8000 平方米。

实训楼（实践训练基地）：约 8000 平方米。

行政楼（校、系办公）：约 6000 平方米。

学生宿舍：约 20 000 平方米。

风雨操场：约 5000 平方米。

食堂：约 4000 平方米。

单身教师公寓：约 1500 平方米。

其他生活及附属用房：约 6000 平方米。

体育场地：400 米标准体育场、10 个篮（排）球场。

（3）规划设计要求

①地块综合控制指标分别为：容积率 ≤ 0.55，建筑密度 ≤ 30%，绿地率 ≥ 35%，建筑高度 ≤ 24 米，建筑后退用地红线 5 米。

②本地块地面设置停车位 80 个左右，其他为地下停车位。

③规划地块内水塘应尽量保留，但可根据设计者意图适当改造与整治。

（4）设计成果要求

①图纸尺寸为标准 A1 大小。

②校园规划总平面图（1∶1000）。要求表示出：

a. 建筑平面形态、层数、内容。

b. 人行、车行道路及停车场地。

c. 室外场地、绿地及环境布置。

d. 规划构思与分析图若干（功能结构图和道路交通分析图为必须）。

e. 整体鸟瞰图或轴测图。

f. 简要的文字说明（不超过 200 字）。

g. 主要技术经济指标。

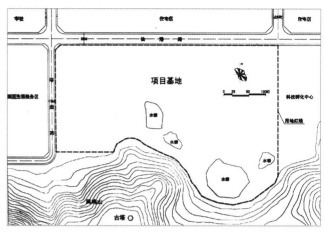

图 4-9 地形图

（5）时间：6 小时

2. 题目解析

①地块北面、西面临城市道路，南侧毗邻凤鸣山，山顶有一座古塔（应注意轴线景观廊道的构建），用地东侧、西侧分别为科技孵化中心、生活服务区，在布置地块内部功能时，应考虑其周边地块的使用功能。

②基地地势平坦，内有几处水塘，规划时要考虑对现有条件的充分利用。

③进行校园规划时要考虑不同建筑功能的动静分区，避免相互之间产生干扰，以及相关联的建筑之间使用带来的不便。

④结合题目给定的控制指标和建筑功能的类型，在掌握校园规划总平面布局的相关规范下，合理地进行规划设计。

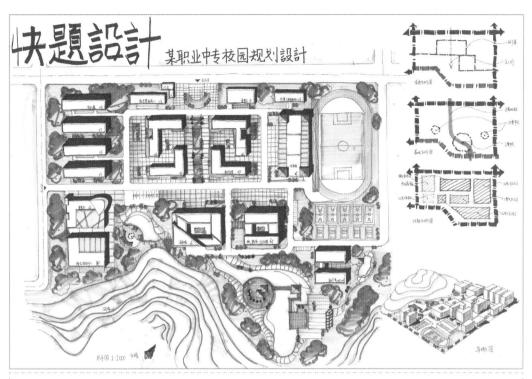

作者：冯伟男／表现方法：钢笔＋马克笔／时间：6小时

优点： 图面较为完整，整体感觉较好；内容充实，平面图、分析图、鸟瞰图均按照题目要求进行设计；道路结构清晰明确，出入口选择合理；功能分区布局合理，各分区建筑形态体量基本正确；南侧山体以及内部水塘的处理恰到好处，且对古寺有一定的表达；核心景观的刻画很有中心感。

缺点： 从入口到图书馆的轴线结构并不明显，教学楼区域的绿化过少，各分区的景观配置太过单一；地面停车位过少；鸟瞰图画得过于简单。

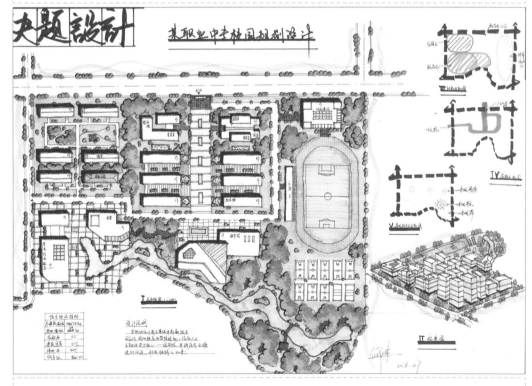

作者：何琪／表现方法：钢笔＋马克笔／时间：6小时

优点： 图面表达清晰完整，内容丰富充实；规划结构较为明显，各功能分区布局合理，且建筑形态体量基本正确；操场和运动场地尺度基本正确，景观处理内容丰富；鸟瞰图很精细。

缺点： 缺少对周围环境的表现，车行出入口与人行出入口混合，容易造成人车冲突；水塘的利用与表现不够美观；分析图不精细，不能很好地表达设计内容；鸟瞰图的角度不好，建筑太密集，缺少环境表现。

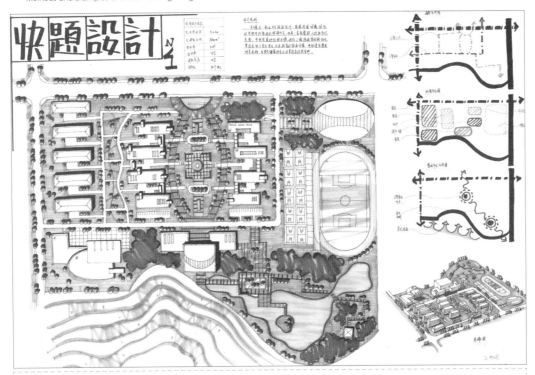

作者：雨欣／表现方法：钢笔＋马克笔／时间：6 小时

优点：图面表达清晰完整，且对周围环境有表现；规划结构较为明显，各功能分区布局合理，建筑形态体量基本正确，操场和运动场地尺度基本正确；分析图表达到位，鸟瞰图表现完整。

缺点：结构过于生硬，单一建筑形体过于图形化；单体建筑硬质铺地过少，操场出入口位置不明显；景观配置单一，表达不完善。

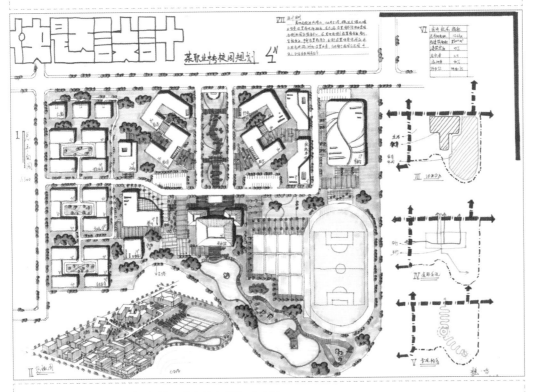

作者：魏一鸣／表现方法：钢笔＋马克笔／时间：6 小时

优点：图面较为完整，内容充实，平面图、分析图、鸟瞰图均按照题目要求进行设计；道路结构清晰明确，出入口选择合理；功能分区布局合理，各分区建筑体量基本正确，建筑形态丰富。

缺点：为了追求形式，建筑过于突兀；规划结构设计表达太生硬，教学区硬质铺地过少，运动场地表达不完善，操场一百米跑道没画完；景观不成系统，植物表达不够丰富，水塘的表现也不够美观。

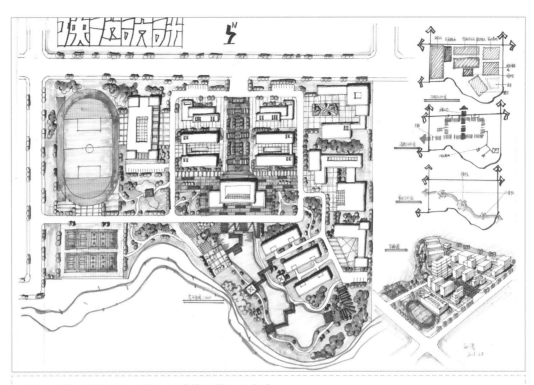

作者：孙倩／表现方法：钢笔＋马克笔／时间：6小时

优点： 图面表达清晰完整，且对周围环境有表现；规划结构较为明显，道路结构清晰明确，出入口选择合理；各功能分区布局合理，建筑形态体量基本正确，操场和运动场地尺度基本正确；分析图表达到位，鸟瞰图表现完整。

缺点： 缺乏对建筑功能的标注；轴线表现太生硬，不够灵活；图书馆前硬质铺地面积过大，应多布置一些绿地；以水塘为中心的景观系统没有很好地连接各分区，植物搭配不够丰富。

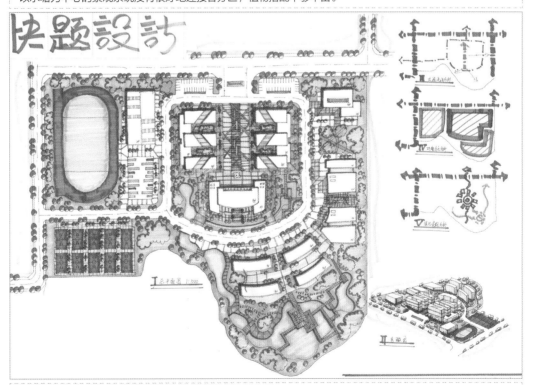

作者：邱永康／表现方法：钢笔＋马克笔／时间：6小时

优点： 图面较为完整，整体感好；规划结构较为明显，道路结构清晰明确，运用环路能解决各分区的交通需求；功能分区布局合理，各分区建筑形态体量正确且建筑形态富有变化；内部水塘的处理恰到好处，对以水体为中心的核心景观的刻画有层次感；分析图表达到位，鸟瞰图表现完整。

缺点： 缺乏对建筑功能的标注；核心区域的硬质铺地过多，应适当加入绿地；植物搭配不够丰富。

五、中南地区某城市中心地块改造设计

1. 真题题目

（1）基地现状

该地段位于某中等城市核心地区，总规划用地面积约 5.3 公顷，四周为城市主干道和次干道。基地范围内现有一处山坡林地（拟改造为山顶小游园）、10 层楼宾馆（拟保留）、危旧影剧院（拟拆除改造为商业文化中心）和一处小商品市场（拟拆除改造为商业、住宅楼）及其他零星建筑（拟拆除改造）。具体详见图 4-11、图 4-12。

（2）开发建设内容

①商业超市、商业街及餐饮设施 2.5 万平方米。

②文化中心（含电影城）1 万平方米。

③商品住宅 2 万平方米。

④其他相关配套设施及环境设施（自定）。

⑤山顶小游园。

（3）设计要求

①充分考虑基地开发建设与周边环境的关系。

②基地内所有开发建设内容应有机结合，在交通流线、空间景观、环境设计各方面相互衔接，使该地最终成为城市中心城区高品质商业、居住、文化及休闲场所。

③充分考虑该地块地形高差及空间景观要求，对该地块内建筑高度及形态体量不做限制，商业、文化设施的配置可依据构思采用多种形式（商业综合楼或商业街）。但应考虑中等城市的市场需求和空间特色。

（4）规划成果要求

①规划总平面图 1：1000～1：500。

②规划结构及交通流线（含静态交通）分析。

③局部鸟瞰图或透视图。

④技术经济指标及设计说明。

（5）其他说明

①考试时间为 6 小时（含午餐时间）。

②考试时不得带参考资料入场。

③图纸尺寸为 A1 规格，表现方法不限。

图 4-10 地形图（一）

2. 题目解析

（1）脉络挖掘

挖掘基地空间环境中的显性、隐性文化因素，作为空间结构梳理中重点考虑的对象，明晰出题人的意图所在。从拟保留和拟拆除的空间要素来看，商业文化中心、商业居住等多处均为拆除重建，仅有南郊宾馆（10层）一处保留。从提升改造的内容来看，山林坡地由于地形高差和处于城市主次干道交叉口的独特交通区位，使之成为空间中重要的考量因素，如何处理保留建筑与新的功能组团之间的空间环境关系也是考查的重点。

（2）结构梳理

梳理空间结构，明确基地中的空间主次轴线问题。综合分析改造内容之间的相互联系，并考虑山顶公园的视线关系，初步归纳出建成广场、南郊宾馆（山顶公园东侧）、山顶公园之间的空间主轴线，南郊宾馆、商业文化中心与商业居住片区的空间次轴。

（3）秩序重组

结合山顶公园和南郊宾馆的建筑朝向、山顶公园出入口的选择，重组各组团间的空间联系。将建成广场、南郊宾馆、山顶公园作为空间的主要节点，同时结合商业居住片区及山顶公园的出入口选择，在南部商业居住片区设计空间次轴的节点。

（4）环境重塑

如何进行节点的进一步细化设计是提升城市中心改造设计内涵的关键。比如建成广场、南郊宾馆片区、山顶公园片区、商业居住片区、山顶公园的入口及视线联系区等。南郊宾馆作为保留建筑，如何处理其空间环境是题目的重要考查点。除此之外，商业文化中心、商业居住片区和南郊宾馆的内部流线及建筑组团处理（如南郊宾馆停车问题）也是体现考生基本功的重要方面。

（5）最优方案

①轴线：以建成广场、南郊宾馆、山顶公园之间形成空间发展的主轴线，以南郊宾馆、文化商业中心与商业居住片区形成环绕山顶公园的空间次轴线，同时注意山顶公园与空间轴线间的视线关系。

②交通：以L形（南部和西部出入口）或T形（南郊宾馆、南部和西部出入口）内部路网最佳，建构商业文化中心、商业居住片区、南郊宾馆片区之间的联系。

③景观：主要为主次轴线的节点塑造以及各组团内部环境的细化设计，需要特别注意城市广场、山顶公园、南郊宾馆片区的周围环境设计。

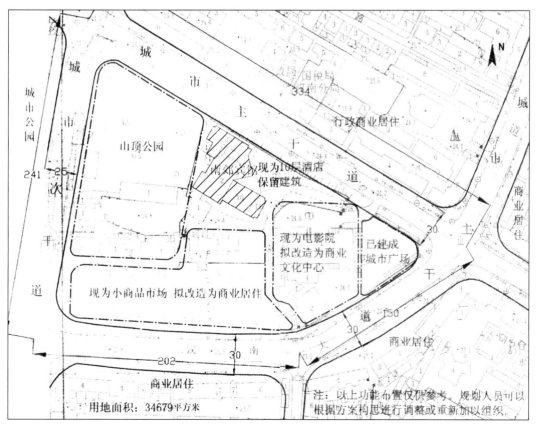

图 4-11 地形图（二）

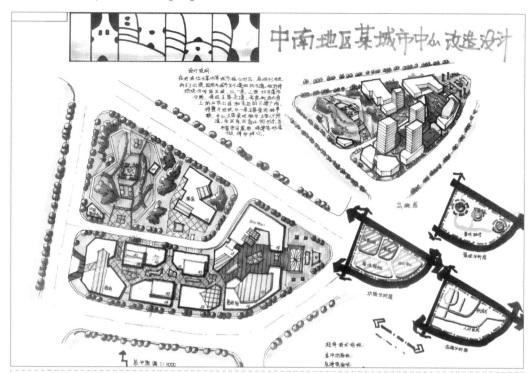

作者：潘雪晴／表现方法：钢笔＋马克笔／时间：6 小时

优点：规划结构合理，通过建筑布局围合出线形的商业街区，串联东侧的广场和西北角的山体公园，打通了整个地块的步行系统；道路开口和线性设置合理，建筑形式统一之下，又富有变化；图面表达清晰、完整，深度适宜。

缺点：商业公共入口和居住私密入口分离；文化中心和影剧院围合节点空间形态可以进一步推敲。

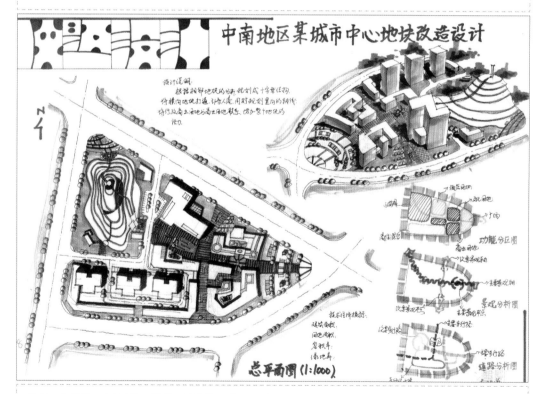

作者：李林娟／表现方法：钢笔＋马克笔／时间：6 小时

优点：规划结构合理，横向主轴串联起广场、商业、文化、公园等功能区；建筑设计考虑了对空间的形态塑造，广场设计得较好，车行路设置得较为合理，对静态交通进行了适度规划；图面较为完整。

缺点：建筑形式和景观环境设计得稍显稚嫩，没有标注建筑名称和层数；居住建筑车行路和地块一级车行路衔接不合理；鸟瞰图近景建筑需适度添加细节，树丛的表达有待提高。

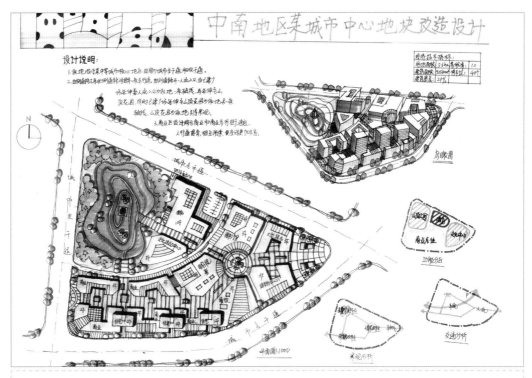

作者：陈辰／表现方法：钢笔＋马克笔／时间：6小时

优点：规划结构设置合理，通过 Y 字形的步行轴线将广场、商业、文化、公园等一系列功能空间联系起来。

缺点：商业街区建筑形式和围合空间的设计有提升空间；南侧沿街商业过长，商业与住宅的搭接方式可以进一步推敲；山体公园沿城市道路一侧需要设置至少一个主入口；车行路断面过窄，商业街区没有做静态交通规划。

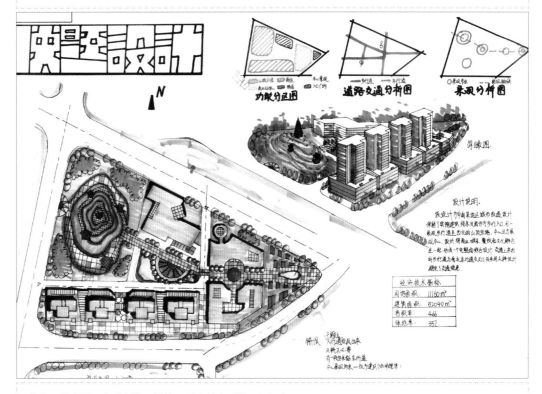

作者：郭文娟／表现方法：钢笔＋马克笔／时间：6小时

优点：横向轴线设置合理，建筑功能与形式基本协调，道路线形能够满足规范要求和功能需求；图面清晰、完整。

缺点：没必要在山体公园边另外设置小游园；居住体块没有消防登高面，商业建筑形体组合略显单调；广场绿地面积太多、硬质铺地太少；平面图周边地块马克笔上色笔触草率，鸟瞰图丛树画法需多加练习。

六、某城市中心区规划设计

1. 真题题目

（1）基地概况

基地位于华东某城市新城区。西侧有城市轨道交通站点一处，基地定位为片区中心服务区，基地周边主要为居住用地，南部为市民活动公园。基地红线面积14.6公顷，净用地面积12公顷。北侧、西侧为城市主干路，红线宽度40米。南侧、东侧为城市次干路，红线宽度30米。基地内有20米宽城市水系，可做局部调整（见图4-12）。

（2）设计内容

根据上位规划，本地块定位为片区服务中心，容积率1.8～2.4。规划功能包括居住、商业零售、商务办公、文化娱乐几大块，可选择相关的功能立体布局，但居住组团需独立布置。要求用地布局合理、功能结构清晰，并合理解决交通疏导问题。

（3）成果要求

①规划总平面图1：1000，标明建筑用途和层数。

②功能结构分析图、道路交通分析图、景观系统分析图。

③整体鸟瞰图。

④经济技术指标和说明文字。

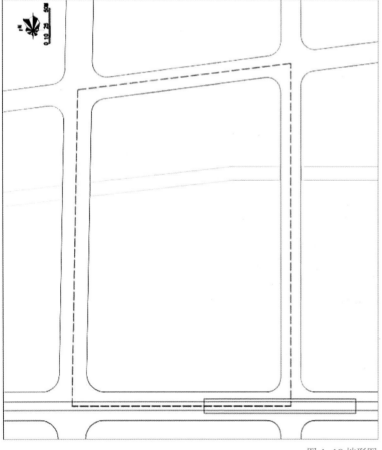

图4-12 地形图

2. 题目解析

①功能布局：在基地内部、外部的空间环境作用之下，居住、商业、办公、文化等几类功能如何布局，空间布局是否合理是出题人考查的目的所在。基地周边的交通状况、现状功能布局以及内部的水系是重点考查的因素。考虑在基地北侧以及西侧城市主干道布置高层商务办公区，展示地段形象，考虑基地西侧交通站点、南侧公园，在其西侧和南侧布局L形商业功能，结合内部水系布局文化功能，结合基地东部城市次干道布局居住组团，同时注意居住区适当引入水系，活化空间环境。

②结构梳理：在上述功能布局的基础上，综合考虑基地的开敞空间体系，以此梳理空间结构脉络。结合西部交通站点，在基地西侧适当位置布置商业功能，设计商业入口广场。同时结合小体量的商业建筑，将人流引入基地内部，并结合内部文化功能，在其文化建筑前面设计文化广场。结合水系一侧的居住功能，布置私密性的居住开敞空间，东西轴线以此串联入口商业空间、核心文化空间、私密居住空间，构筑东西向发展主轴，同时打通面向公园、文化功能组团的次要轴线。

③交通组织：综合考虑基地周边的道路等级状况，宜在基地南部和东部开辟车行出入口，同时应注意在出入口附近设计地上、地下停车系统，满足地块的停车要求。在基地内部宜布置环形交通网络，在居住组团布局时，可以由西侧至南侧次要出入口布置商业步行小环线等。结合东西向发展主轴、南北向的发展次轴组织空间步行系统。

④最优方案：功能上，北侧商务办公、酒店式公寓，西部大体量的商业建筑，南部次干道沿线小体量的特色商业街，中部和东部分别布局文化和居住组团。结构上，一主一次的空间轴线，东西主轴、南北次轴。交通上，南侧、东部车行出入口，西、南、北三个方向设计步行出入口，内部以小环线组织（图4-13、图4-14）。

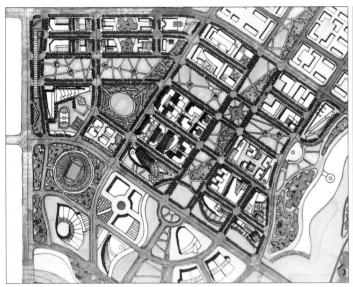

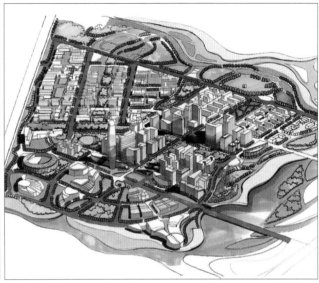

图 4-13 某城市中心区规划设计平面图（鲁东东绘）　　　　图 4-14 某城市中心区规划设计鸟瞰图（鲁东东绘）

3. 参考案例

①扬州市第二城核心区扬州商城商圈规划。规划设计强调建筑、空间、环境的轴线对位关系，主要包括扬州第二城总体规划中南北向景观视觉通廊。景观视线：运用基地整体的布局形态，建筑相互进行错位与旋转，使得各栋建筑的景观视线最优化，一方面展示第二城中心景观湖面的价值；另一方面使各地块不同功能的建筑拥有不同的景观取向。在减少视觉与空间压迫感的同时，形成共同的视觉联系中心，进一步提升地块的综合功能与特色城市广场的聚集价值（图 4-15、图 4-16）。

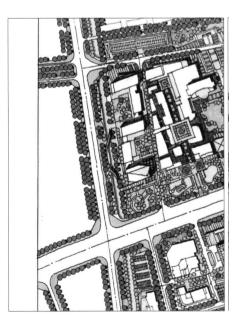

图 4-15 扬州商圈规划设计平面图（鲁东东绘）　　　　图 4-16 扬州商圈规划设计鸟瞰图（鲁东东绘）

②南昌红角洲商业区欧式水城。在南昌红角洲中心商业区打造一个原汁原味的欧洲小镇，规划设计吸取了阿姆斯特丹的城市精华元素，借鉴了阿姆斯特丹的街道空间尺度，将该地块规划成为一个宜居、宜娱、宜商的现代化欧式风貌水城小镇。规划设计以其独特的运河、街道模式，使该地块不仅仅是居住的社区，更是艺术风情的展现之地，在南昌红角洲中心商业区内构成独具欧式特色的新城风貌（图4-17、图4-18）。

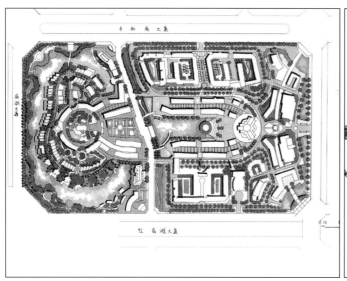
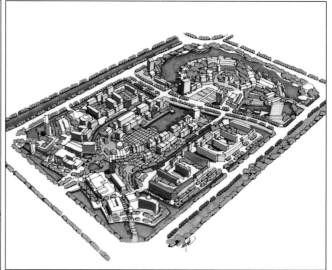

图4-17 南昌红角洲商业区规划设计平面图（徐志伟绘） 图4-18 南昌红角洲商业区规划设计鸟瞰图（徐志伟绘）

③平顶山商业中心城市设计：方案以东西向交通性道路建设为界，将整个区域分成南北两个片区，北区以和平路步行街为轴线展开功能布局，在步行街的东西两端联系了集中商业街区和公园，形成哑铃形的公共空间和公共设施布局构架；南区的空间布局将路中段改造为步行街，沿线布置商业区，形成南区商业中心公共设施骨架（图4-19、图4-20）。

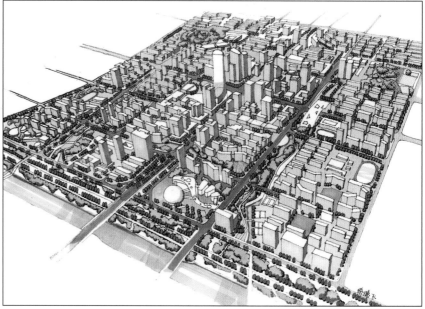

图4-19 平顶山商业中心规划设计平面图（徐腾飞绘） 图4-20 平顶山商业中心规划设计鸟瞰图（徐腾飞绘）

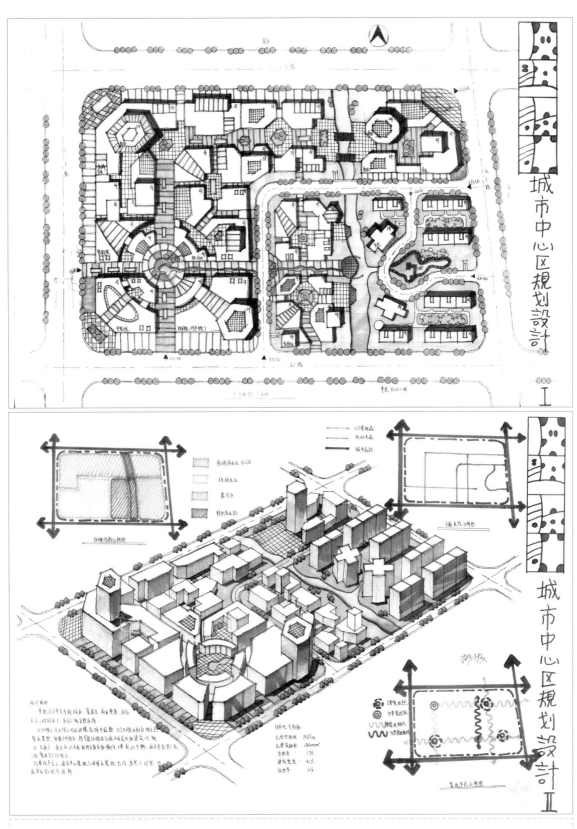

作者：郝琬 / 表现方法：钢笔＋马克笔 / 时间：6小时

优点：规划布局与空间结构合理，建筑形态基本能够体现建筑性格，景观设计达到一定深度；图纸表达完整、干净。

缺点：建筑形式略显均质，缺少变化，主体不突出；商业建筑沿街需要设置适度铺地，增加可达性；居住小区一级路开口位置不合理，导致南边尽端路过长；未充分考虑停车问题。

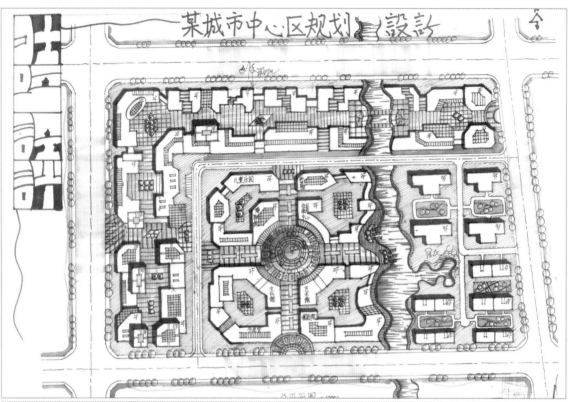

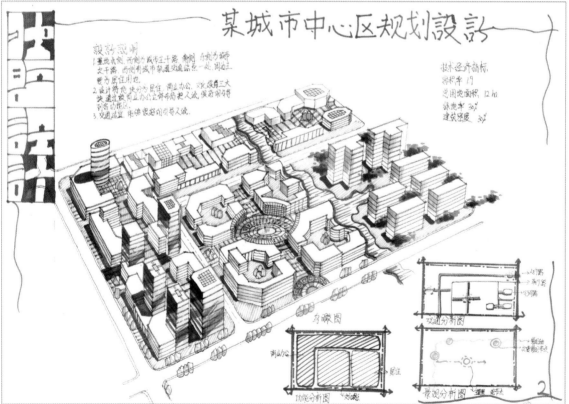

作者: 卢小芳 / 表现方法: 钢笔 + 马克笔 / 时间: 6 小时

优点: 规划结构设置合理, L 形商业、办公、文体立体布局的功能街区组织起地块; 滨水区域设置较小体量的休闲商业区, 组团位置独立且相对私密; 道路开口位置和线性合理, 并考虑了地下停车; 建筑形式富有变化而不凌乱; 景观设计突出重点街区, 有一定深度。

缺点: 没有针对轨道交通站点的特点设置疏散人流、衔接街区的广场; 南边办公塔楼的位置选择不明所以, 办公空间缺乏联系和呼应关系; 住宅点式高层的布置方向和位置有待斟酌; 滨水空间缺乏联系性; 第二张图的排版、构图需要调整。

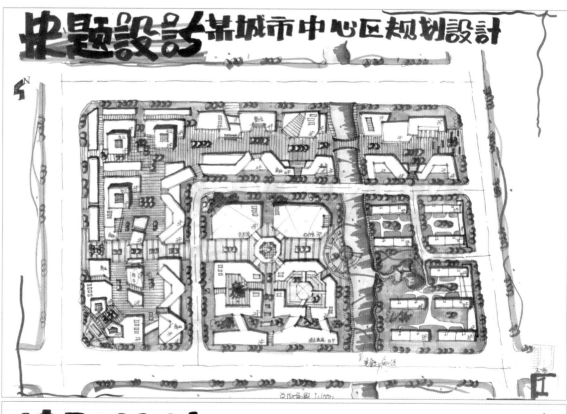

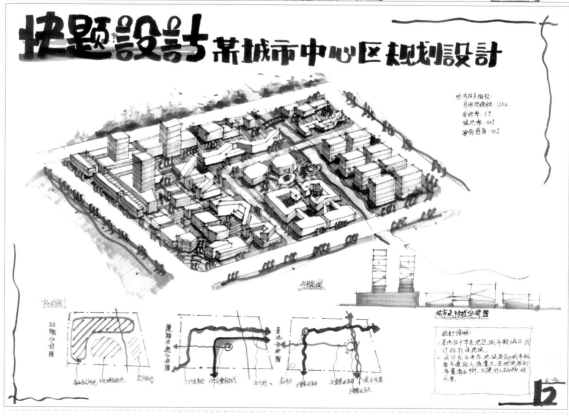

作者：王一彤／表现方法：钢笔＋马克笔／时间：6小时

优点：规划布局合理，建筑形态基本能够体现建筑性格，景观设计达到一定深度；图纸完整，效果图表达较好。

缺点：商业街区建筑略显细碎；居住小区一级路开口位置不甚合理，影响南边三排居住建筑的道路系统；未考虑停车问题；平面水系马克笔表达笔触太乱，不成章法。

七、南方某镇公共中心区修建性详细规划

1. 真题题目

（1）基地概述

基地位于珠江三角洲地区某镇，总用地面积为 76 490 平方米。西面临主干道，南北跨次干道，北部中间为新建政府大楼，周边为已建或待建居住小区，拟结合政府前广场建设公共中心区（见图 4-21）。

（2）规划要求

①落实表 4-2 中要求配置的公共设施，并结合公共空间进行合理组合。

②南北建筑间距不少于 1H（H 为南面楼之高度）。

③建筑后退：主干道红线不小于 8 米，次干道及支路红线不小于 6 米。

（3）设计表达要求

①总平面图 1：1000，要求标注各设施之名称。

②空间效果图不小于 A3 幅面，可以是轴测图等。

③表达构思的分析图若干（自定，功能分区图和道路交通分析图为必须）。

④规划设计的简要说明和主要经济技术指标。

2. 题目解析

①功能布局：在此地块内行政功能应为主导，考虑长途汽车站对交通要求的特殊性，可优先靠近次干道，广场结合政府大楼设置，可将文化中心沿政府大楼向南布置，形成轴线。考虑商业用地的嘈杂性，适宜设置在政府大楼南侧，将员工宿舍放在大楼两侧，灯光篮球场可与广场结合布置。

②结构梳理：在功能布局的基础上，综合考虑基地的开敞空间体系，南侧的河涌和政府大楼轴线的延伸性。

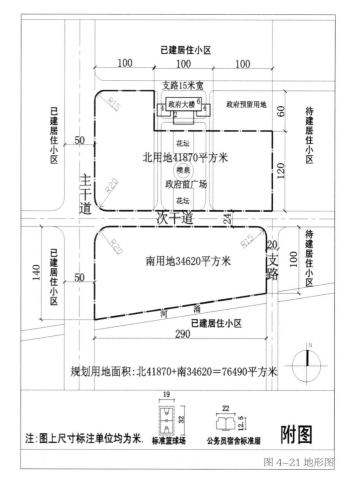

图 4-21 地形图

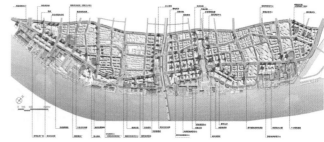

图 4-22 某城市公共中心区规划设计（图片来源：网络）

③交通组织：综合考虑基地周边的道路等级状况，在次干道和支路开辟车行出入口，同时应注意长途汽车候车室与车辆的衔接关系，以及商业的步行入口处理。

表 4-2 基地内的公共设施

项目	建筑面积（平方米）	用地面积（平方米）	建筑层数	其他
镇级商业中心	20 000	15 000	2～4	提供车位 50 个，2 个地面卸货操作区（各约 200 平方米）
长途汽车停靠站	500	2000	—	设候车室与管理室
镇文化活动中心	8000	8000～10 000	2～4	包含一个电影院、一个图书馆
灯光篮球场	—	1200	—	设阶梯式看台
公务员宿舍	每栋标准层 260	自定	6	不少于 10 栋
镇中心广场	—	8000～12 000	—	可结合政府前广场改造进行环境设计

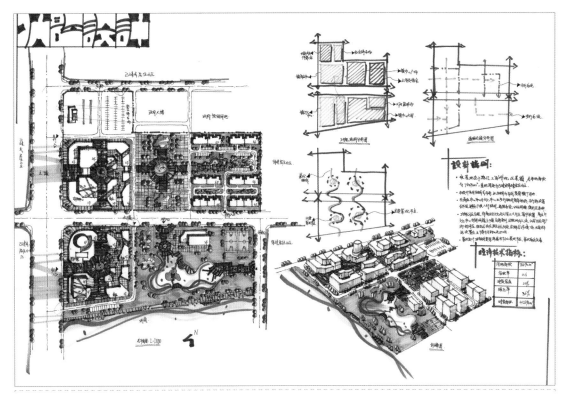

作者：陈晓情／表现方法：钢笔＋马克笔／时间：6小时

优点：图面完整，功能布局基本合理，轴线较为明显，居住区的表达画法基本正确，商业流线较为清晰。

缺点：商业中心铺装应注意绿地率，中心广场空间可更丰富一些，商业步行街注意形态围合以及出入口导向。

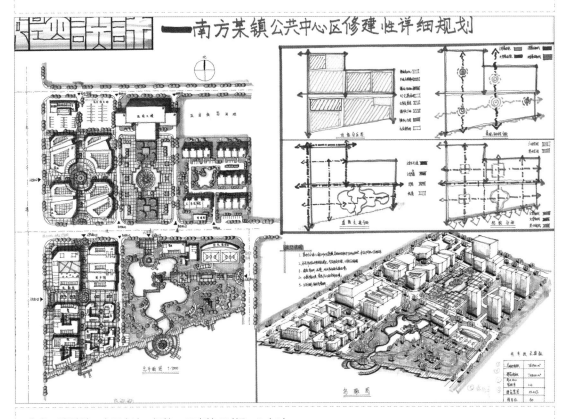

作者：陈鹏鹏／表现方法：钢笔＋马克笔／时间：6小时

优点：画面完整，表现清晰，景观空间层次丰富，土轴线流畅。

缺点：文化中心位置有待调整，车站与社会停车场共享入口规格需要合理布置；篮球场注意日照朝向，商业中心铺装注意绿地率，中心广场空间可更丰富一些，商业步行街注意形态围合以及出入口导向。

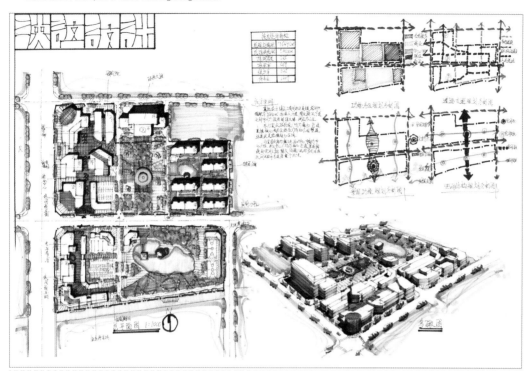

作者：张倚彬 / 表现方法：钢笔 + 马克笔 / 时间：6 小时

优点：图面完整，轴线较为明显，居住区的表达画法基本正确，商业建筑形式较为丰富；商业流线较为清晰。

缺点：整个方案重点偏移，镇政府轴线应该着重突出；景观生硬单调，需要深化居住区道路系统，二级道路之间没有联系；居住区没有停车场，应该加强核心景观处理。

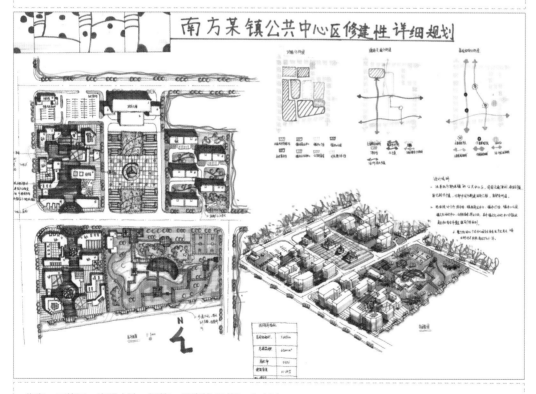

作者：王艳云 / 表现方法：钢笔 + 马克笔 / 时间：6 小时

优点：图面完整，排版合理；功能分区合理；建筑造型美观，交通流线明确。

缺点：商业步行街宽窄，停车场与商业街交界处开口不易过大，并明确主要人流；图书馆的正面不宜面对商业街正面，最好对着商业建筑侧面；公园景观有些乱，主轴线不明确；栈道设计也应突出主轴线。

八、购物休闲服务中心设计

1. 真题题目

（1）基地现状

本规划用地位于我国南方某城市，基地位于某景区的入口处，具有良好的景观、便捷的城市道路交通和较完善的服务设施。现拟建一处综合性购物休闲服务中心，总面积5.1公顷（图4-23）。

（2）设计要求

要求设计能很好地结合地形和周边环境，合理地进行功能分区及建筑空间布置，组织有序的动态交通和静态交通，配置完善的公共服务设施。充分利用自然水景，处理好滨水景观的空间变化，力求营造出一个富有特色、环境优美、舒适怡人的多功能、综合性购物休闲中心，因地制宜地创造出宜人的亲水空间环境和独具魅力的风格。

满足国家有关规范和要求。

（3）设计内容

①风味小吃店、餐厅等餐饮服务设施。

②纪念品商店、专卖店等商业服务设施。

③休息、娱乐等休闲服务设施。

④停车场、活动广场等其他相关场地和配套设施。

（4）成果要求

①规划总平面图（1：1000）。

②结构、交通、景观等相关分析图。

③简要设计说明及主要经济技术指标。

④鸟瞰图或局部透视图。

⑤表现方式不限。

2. 题目解析

①此次方案是旅游区入口规划，基地西面临水，海岸线灵动、不规则，具有很强的景观趣味性。考生应根据岸线关系，合理规划道路和人行流线。

②题目中要求合理布置商业区域和购物区域，应考虑道路、车站等决定人流的因素。

③特别注意景观的营造，与滨水景观的通廊形成合理的视觉关系，注意水景的合理处理。

④注意西部景观带和外部空间的设计。

⑤注意休闲区域的合理布置，充分考虑视觉感受。

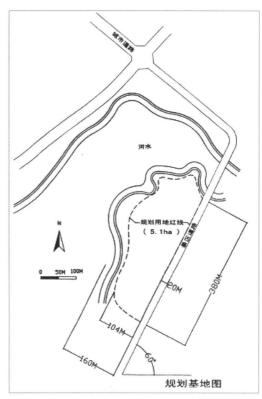

图4-23 地形图

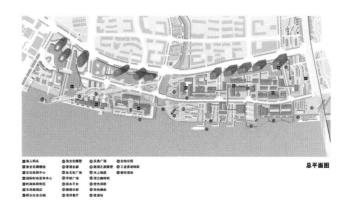

图4-24 某城市购物休闲服务中心规划设计（图片来源：网络）

图4-25 某城市购物休闲服务中心鸟瞰图（徐志伟绘）

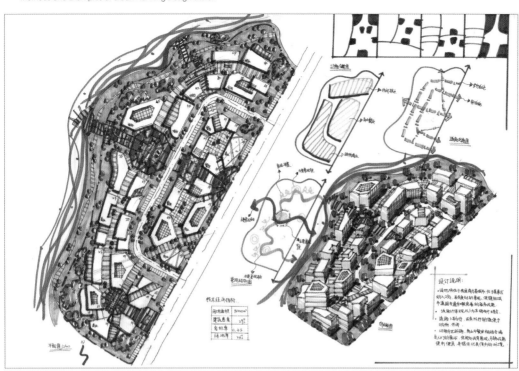

作者：谷苗苗／表现方法：钢笔＋马克笔／时间：6 小时

优点：图面整洁饱满，规划结构明显，轴线清晰，交通流线合理，建筑形式丰富，尺度收放较好，鸟瞰图表达基本到位。

缺点：广场衔接处围和感稍弱，停车场宜集中布置，商业街应双面设铺装，滨水处休闲空间有待提高。

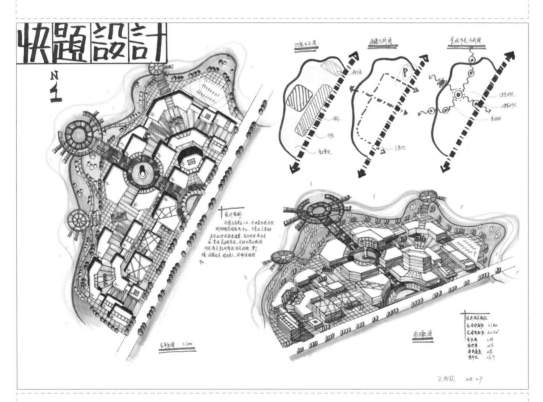

作者：卫雨欣／表现方法：钢笔＋马克笔／时间：6 小时

优点：图面整洁饱满，规划结构明确，内部商业流线清晰，无穿插；建筑形式丰富，尺度收放较好；亲水空间处理到位，细节表达到位。

缺点：停车场画法有误，临水绿化植物搭配不够丰富。

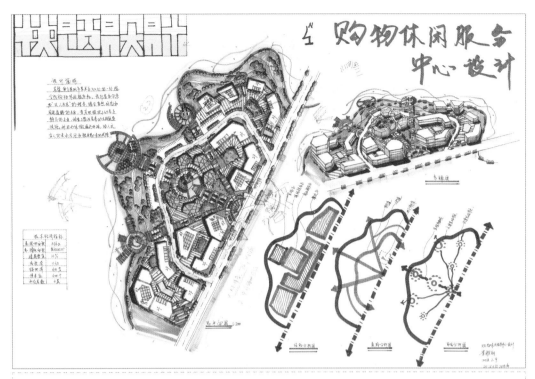

作者：李雅丽／表现方法：钢笔＋马克笔／时间：6 小时

优点：多轴线结构明显，交通流线清晰，各组团分区合理清晰，建筑形式丰富，体量尺度正确；与周边景观结合得较好。

缺点：轴线主次不明显，车行道的出入口设置距离过近，且没有垂直接入城市道路；停车场画法不对；建筑的形式略微单调；沿河景观配置得过于单调，植物可以更丰富一些。

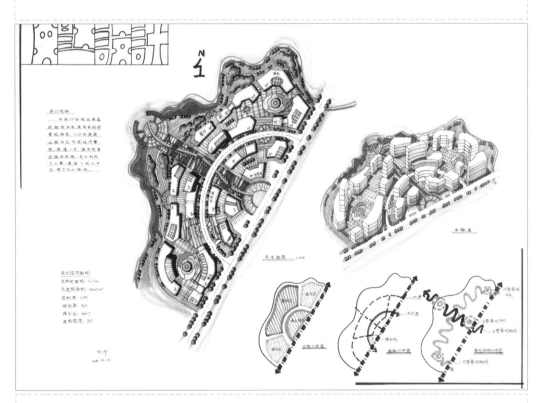

作者：任奔／表现方法：钢笔＋马克笔／时间：6 小时

优点：图面较为完整，规划结构明显，道路结构清晰明确，功能分区布局合理；建筑形体与周围环境相搭配，亲水空间处理得较妥当，绿化较为饱满。

缺点：建筑形式不够丰富，组团内围合感较弱；内部硬质铺装可适当添加一些绿化。

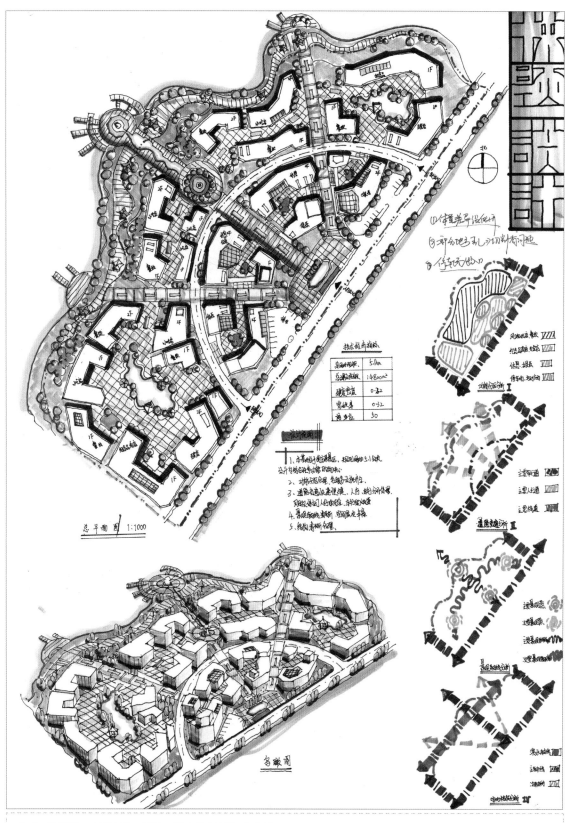

作者： 陈鹏鹏／**表现方法：** 钢笔＋马克笔／**时间：** 6 小时

优点： 图面整体表现完整，仿古商业建筑形式基本正确，有一定的围合感，酒店前景观布置得比较丰富。

缺点： 功能分区有待调整，国道上不能设置车行出口；商业街建筑面积有明显的缺点，步行空间需要再流畅一些；注意车行道尽头长度不要超出规范。

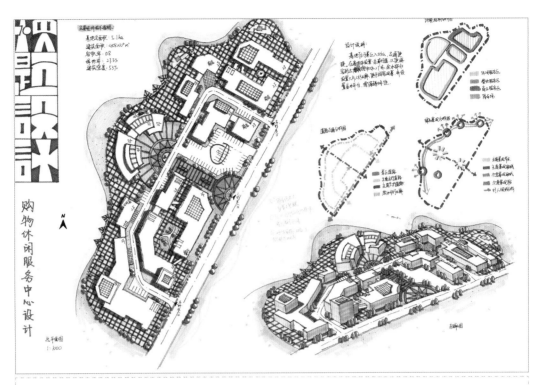

作者：李明励／表现方法：钢笔＋马克笔／时间：6小时
优点：图面干净整洁，线条较为流畅；规划结构明确，轴线清晰；道路结构清晰明确，功能分区布局合理；鸟瞰图表达效果好。
缺点：停车场太大，位置太显眼；文化馆与滨水空间的结合方式有待改进；小吃店位置比较独立，可以与周围建筑联系得更紧密些。

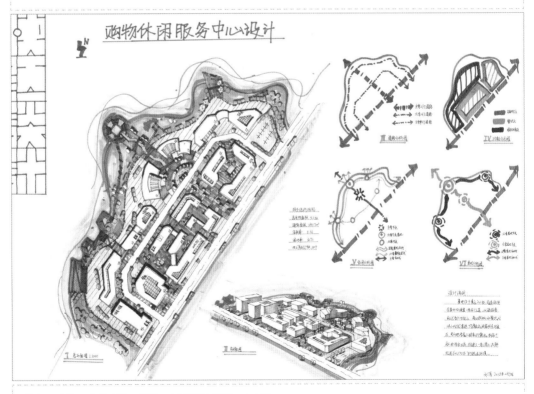

作者：孙情／表现方法：钢笔＋马克笔／时间：6小时
优点：图面整洁饱满，规划结构明确，建筑形式丰富，尺度收放较好；亲水空间细节表达得比较到位。
缺点：没有形成联系的商业街，建筑形体之间没有呼应；停车场画法有误。

九、泰安市蒿里山封禅遗址公园地段规划设计

1. 真题题目

泰安市位于山东省中部，北临山东省会济南，南离儒家文化创始人孔子故里曲阜，东连瓷都淄博，西濒黄河。城区用地面积 93.41 平方千米。泰城坐落于世界自然与文化双遗产——泰山南麓，山城一体，风景秀丽，历史悠久，环境优美，是一座历史悠久的风景文化旅游城市。

泰安属暖温带温润性季风气候，四季分明，雨热同季，春季较干多风，夏季高温多雨，秋季天高气爽，冬季冷而少雪，全年平均气温 13℃，每年平均降水量 700 ~ 800 毫米。

泰安是华夏文明发祥地之一，五千年前这里孕育了灿烂的大汶口文化，成为华夏文明史上的一个重要的里程碑。由于古人对太阳和大山的崇拜，自尧舜至秦汉，直至明清绵延几千年，泰山成为历代皇帝封禅祭天的神山。泰安也因泰山而得名，取"泰山安则四海皆安"，象征国泰民安。

关于封禅：

封为"祭天"（多指天子登上泰山筑坛祭天），禅为"祭地"（多指在泰山下的小丘岭祭地），即古代帝王在太平盛世或天降祥瑞之时祭祀天地的大型典礼。封禅的目的是在泰山顶上筑圆坛以报天之功，在泰山脚下的小丘之上筑方坛以报地之功。

封禅的起源与当时社会的生产力和人们的认知水平有很大的联系，人们对自然界的各种现象不能清楚地把握，因此产生原始崇拜，传达对自然界的敬畏，于是"祭天告地"也就应运而生。从最开始的郊野之际，逐渐发展到对名山大川的祭祀，而对名山大川的祭祀则以"泰山封禅"最具代表。

中国古代帝王为加强自己的统治，不约而同地宣传"神权天授"的理论，为了使这种理论得以证明，便有了封禅泰山的活动，《史记·封禅书》说明了"自古受命帝王，遏尝不残封禅"。封禅之仪在"三皇五帝"时便已有之，沿袭至秦汉之时，封禅已经成为帝王们的盛世大典。秦皇汉武都曾"登封报天，降禅除地"，以彰其功，汉武帝一人就曾八次前往泰山，唐宋之时，礼部更加完备，唐玄宗李隆基也曾"封邑岱岳，谢成于天"。帝王赴泰山封禅至宋代逐渐演变为在都城筑天坛、地坛进行祭祀庆典活动。

古代帝王封禅活动的频繁开展形成了古泰，独特的空间格局——三重空间。泰山为"天堂仙境"，以围绕岱庙通天街为中心的古泰城构成"人间闹市"，泰山脚下的"小丘"蒿里山和社首山称"厚土大德"。由城市北部的泰山、中心城区的古泰城和古城以西的蒿里山共同构成的传统城市格局是体现泰安城市特色的主要内容。

关于蒿里山的地段：

蒿里山及其东侧的土丘社首山就是泰山脚下的小丘，帝王登泰山设天坛封天，在蒿里山或社首山筑地坛禅地。1937 年，蒿里山发现一座五色土坛，并从其中得到两套玉册，玉册上分别镌刻着唐玄宗及宋真宗禅地之祝祷文，进一步印证了封禅文化的真实性和蒿里山的历史文化价值。

蒿里山地段位于城市中部，紧邻火车站地段，南侧为灵山大街，泰山大街和北部的东岳大街为泰安贯通东西的景观大道，东部东天街及岱庙是体现传统城市格局的历史文化轴，西部城市新区以行政中心为中心南北向展开，规划为时代发展线。财源大街是城市的中心商业大街，汇集了泰安最主要的商业设施。

蒿里山和社首山所在地段由城市道路和铁路围合，占地规模 27.7 公顷，蒿里山山体完整，山上满山遍植柏树，环境萧条。社首山已经荡然无存，完全被近现代的城市建设所遮盖，原地段内用地主要以居住类为主，包括不同时期的住宅小区和相关配套的服务设施，整体环境品质较差。

关于项目：

伴随着城市发展建设，蒿里山地段现状与其历史文化内涵的严重脱节引起了政府的高度关注，结合旧城更新和对相邻地段财源大街的更新改造，政府和相关部门针对性地开展了蒿里山地段的整体规划设计研究。初步确定了通过蒿里山封禅遗址公园的建设带动地段的整体发展，以改变地段形象，凸显文化内涵，完善商业格局，提升城市吸引力和竞争力的地段发展策略。

新的地段整体规划方案确定了遗址公园范围，拟恢复蒿里山文峰塔/社首山及古祭坛，祭坛遵循古制，正南北方向布置，与泰山玉皇顶遥相呼应。除以上重点历史建筑外，严格控制山体范围内的建设活动，规划以绿化为主，营造"厚土大德"的历史文化氛围。综合考虑地段的拆迁和开发建设，确定在山体周边建设集文化、旅游、休闲、餐饮、娱乐等功能为一体的步行旅游休闲商业区，一方面满足文化遗址公园的配套旅游服务职能，另一方面完善城市商业、文化娱乐功能。规划建设总量不小于 10 万平方米。

（1）规划设计要求

①根据地段整体功能定位，完成整个地段的规划设计。

②考虑地段的整体风貌，规划建筑限高 12 米。

③结合周边道路，形成良好的区内步行系统，并配置公共停车设施。

（2）规划设计内容

①遗址公园区：入口广场、绿化规划、步行流线、环境设施。

②步行旅游/休闲商业区：旅游服务中心、休闲商业街区、博物展示研究中心、文化娱乐设施、客栈旅馆、集散广场等，各部分面积规模考虑市场运作规律自行确定。

（3）成果要求

①规划总平面图（1：1000）。

②规划结构、技术经济指标、规划设计说明和其他分析图。

③总鸟瞰图。

附图4-26～图4-28。

2. 题目解析

①功能分区与空间结构：地块位于新区与旧区交界处，作为两区之间的纽带，需打通东西向的空间流线，设置主要轴线。结合线状街区的设计，商业、文化、广场等空间布置其上，注重轴线上空间节奏的开合变化，同时疏通山体与街区之间的关系，形成步行网络。

②建筑形态和景观设计：运用古建或呼应古建的形式，塑造契合历史地段气氛的街区，注重商业、文化等不同建筑的空间尺度。街区作为主要轴线的依托，需要做到空间收放有致、富有层次和变化。山体景观设计关系清楚，有主有次，点到为止。

③道路和交通规划：结合人流来向和周边道路的性质选择车行路口，车行路不要打破山体公园与街区之间的延续性。山体既要有对外入口，又要有联系街区的入口。

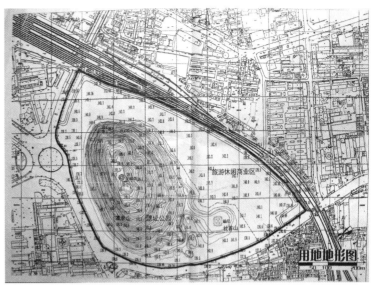

图 4-26 用地地形图

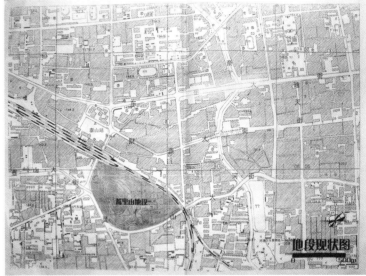

图 4-27 地段现状图

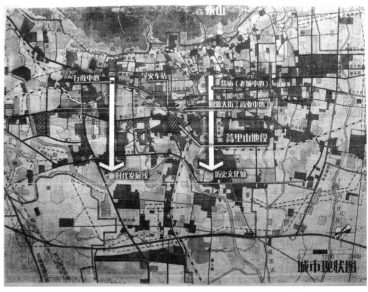

图 4-28 城市现状图

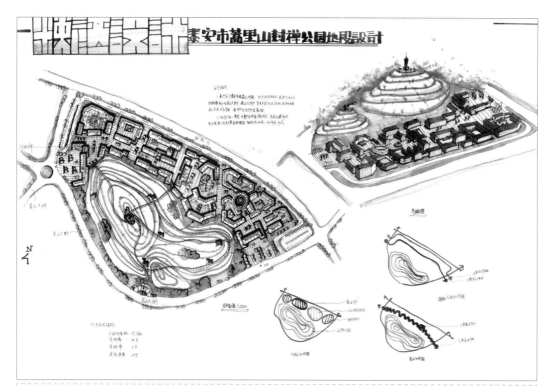

作者：王一彤 / 表现方法：钢笔＋马克笔 / 时间：6 小时

优点：对仿古建筑的空间感以及围合方式把握得较好，东西向的街区空间结构使新旧城有了联系；建筑形式富有变化，平面图层次分明；广场围合感较强，景观处理有轻重之分。

缺点：博物馆作为主体建筑不够突出，山体公园景观层次不丰富，鸟瞰图山体的表达不好；图面各图分配比例把握得不太好。

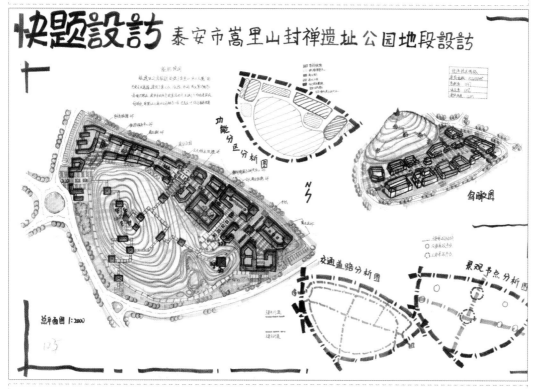

作者：郭文娟 / 表现方法：钢笔＋马克笔 / 时间：6 小时

优点：仿古建筑空间围合感较强，流线组织明确；考虑集中设置停车场，山体景观处理有层次、有目的；图面表达完整。

缺点：轴线不明显，广场入口被建筑打断，鸟瞰图对山体的表达不好，建筑表达过于呆板。

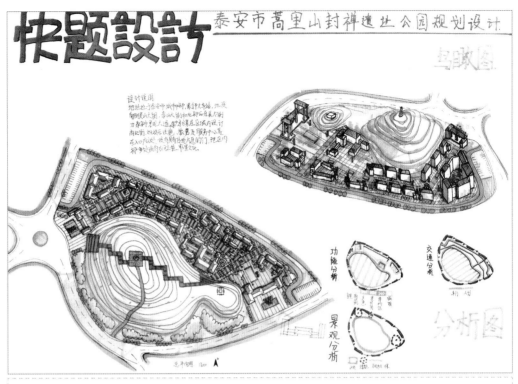

作者：杨梓惠 / 表现方法：钢笔 + 马克笔 / 时间：6 小时

优点：轴线明显，仿古建筑的比例尺度和围合感都较好，流线组织清晰明确，与山体景观相结合。

缺点：广场入口被建筑打断，博物馆不凸显；整体图面比例不得当，分析图太小，鸟瞰图透视角度奇怪。

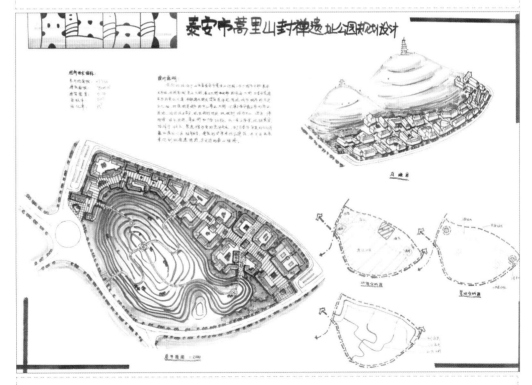

作者：潘雪晴 / 表现方法：钢笔 + 马克笔 / 时间：6 小时

优点：图面简单清晰，流线组织清晰流畅，建筑围合感好；集中设置停车场，山体公园景观表达效果较好；图面表达完整。

缺点：场地处理过于单一；分析图过于简单，鸟瞰图稍小，可根据图幅比例再增大一些。

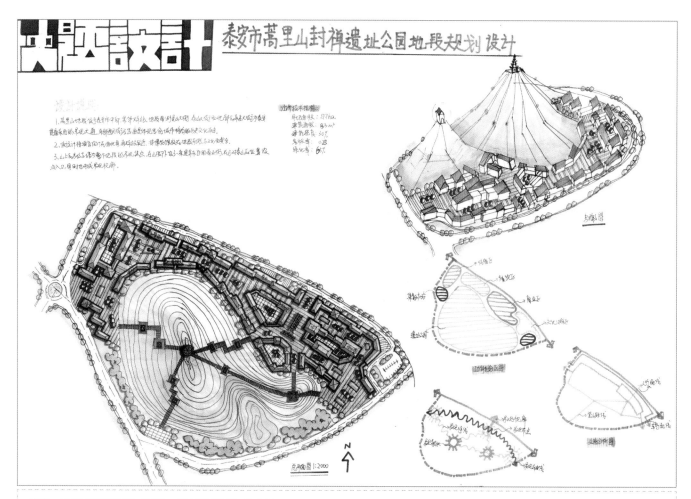

作者：陈辰／表现方法：钢笔＋马克笔／时间：6 小时

优点： 功能分区布局合理，环形路网能够满足园区内交通需求，出入口布置合理；建筑尺度合理，明显区分各分区；场地布置丰富，景观搭配得宜；图面表达完整且比例均匀，分析图表达明确且美观，鸟瞰图精细。

缺点： 部分场地的设置硬化太多，需搭配景观进行柔化。

十、电子工业公司厂区规划设计

1. 真题题目

（1）基地概述

某电子工业公司拟在华南某市的工业园内新建厂区，建设用地约 10.2 公顷。基地西侧和南侧是 30 米宽的工业园主干道（路边应设港湾式公交站），北侧是 20 米的支路，东侧是铁路高架桥。基地内有 110 伏高压线通过（走廊宽度 30 米），周边用地情况详见图 4-29。

建筑功能和面积要求：

①准厂房面积总计 55 000 平方米，宜为 30 米 ×60 米或 30 米 ×90 米的平面，不超过 4 层。

②电子产品展示中心 3500 平方米。

③仓库 5000 平方米，单层，附设露天堆场 2000 平方米。

④公司办公楼和技术研发中心 25 000 平方米。

⑤员工宿舍 6000 平方米，附设 1 个篮球场（28 米 ×16 米）、2 个羽毛球场（8 米 ×6 米）、食堂综合楼 2000 平方米。

⑥动力站（锅炉、空调机房）800 平方米，与其他建筑间距 25 米。

⑦污水处理站 500 平方米。

⑧保安室 100 平方米。

（2）规划设计要点

①建筑密度：小于 40%。

②总容积率应小于或等于 1.0。

③绿地率不小于 20%。

④建筑限高：50 米。

⑤建筑后退西侧南侧道路红线不小于 10 米，北侧不小于 3 米；后退铁路高架桥不小于 10 米。合理设置各出入口，组织好人流和物流运输路线。要求在地面设置 100 个小型车停车位（0.5 米 ×6 米）和 10 个货车停车位（0.5 米 ×10 米）。

⑥需关注公司临城市道路的界面，处理好厂前区、生活区与城市的关系。

（3）设计表达要求

①总平面图 1：1000，注明建筑名称、层数，表达广场绿地停车场道路等要素。

②鸟瞰图或轴测图不小于 A3 幅面，表达构思的其他分析图自定，简要的规划设计说明和经济技术指标。

2. 题目解析

（1）功能分区与空间结构

地块位于华南某市的工业园内，主要建筑功能为厂房，主体结构围绕厂房来展开。在设计时需要注意锅炉房和污水处理站的

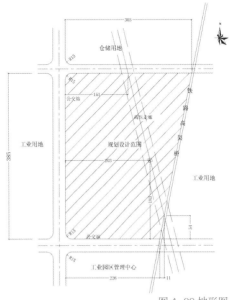

图 4-29 地形图

位置，应布置在常年主导风向的下风向，因此布置在地块的西北侧或西南侧，并靠近厂房和仓库。电子产品展示和技术研发中心宜布置在入口处，且与锅炉房和污水处理站有一定的隔离；员工宿舍则宜避开高压线附近布置。

（2）道路和交通规划

结合周边环境，地块对外交通开口宜选择在北侧支路上，且在厂区内以各功能分区组团为划分标准，宜设置环形路网；对不同分区的内部交通做不同类型的处理，做到合理清晰，连接紧密。

（3）建筑形态和景观设计

考虑工厂建筑形态的特殊性，应以题目给出的数据为准，设计厂房形式，不必有特殊形态。其他功能区的建筑形态可略为丰富，应与周边环境形成呼应。

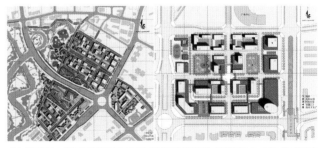

图 4-30 相关案例参考（图片来源：网络）

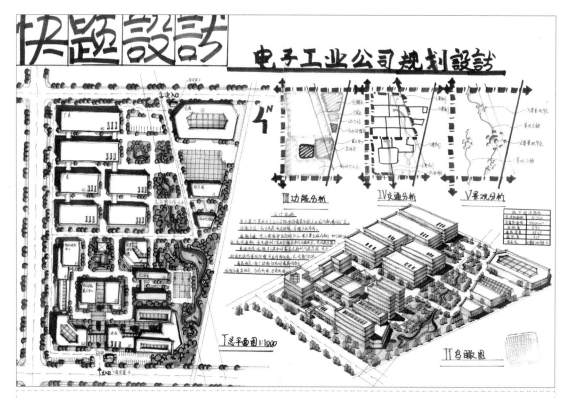

作者：绘聚学员 / 表现方法：钢笔＋马克笔 / 时间：6 小时

优点：图面整洁、饱满，表达清晰完整，各功能分区布局合理，建筑形式较为丰富，景观节点表达丰富；分析图表达到位，鸟瞰图很精细。

缺点：各分区分隔不够，容易造成交叉；建筑之间的疏散场地太小。

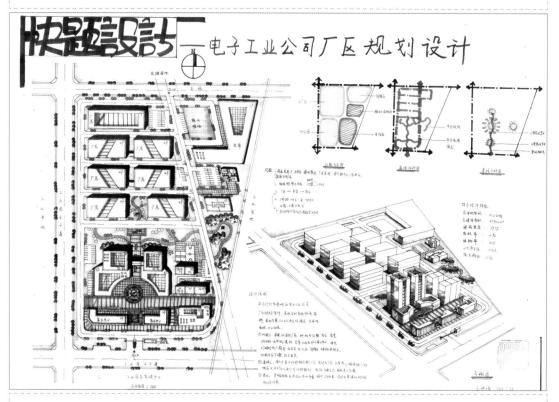

作者：王婵媛 / 表现方法：钢笔＋马克笔 / 时间：6 小时

优点：结构清晰，功能布局、交通布局合理；图面表达完整，且比例均匀，分析图表达明确。

缺点：建筑形式变化可再丰富一些，景观组织和搭配不够丰富，硬质铺装太多，鸟瞰图表达可再细致一些。

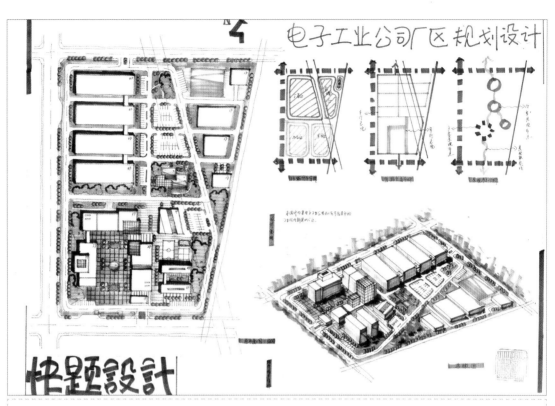

作者：郭文娟 / 表现方法：钢笔＋马克笔 / 时间：6 小时

优点： 交通布局合理，环形路网可以满足交通需求；图面表达完整，分析图简单干净，鸟瞰图表现与整体图感一致。

缺点： 建筑设计过于简单粗暴，场地设计表达不够丰富，轴线图不明显。

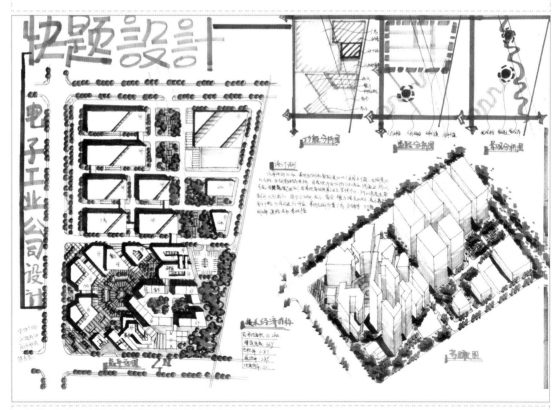

作者：陈辰 / 表现方法：钢笔＋马克笔 / 时间：6 小时

优点： 建筑形式丰富，整体感强，善于协调环境；场地设计层次明显、富有变化，景观设计搭配感好。

缺点： 交通组织不能满足整体需求，建筑形式变化太少；分析图表达太草率，鸟瞰图角度不合理，导致有些失真。

十一、城市滨水区工业遗存更新规划设计

1. 真题题目

（1）项目概况

某城市中心区附近现存城市第一热电力厂和木材厂，热电力厂建于1937年，是城市最早的工厂之一，对城市工业发展起到至关重要的作用。伴随着城市发展中心区的扩张，热电力厂和木材厂将整体搬迁，规划区内拟建城市商业副中心和创新产业园区，规划用地临城市内河，三面环城市干道，规划区城内场地平整，用地面积17.89公顷，详见图4-31。

（2）设计条件

规划区拟建设集购物休闲、商务办公、市民活动、创业产业等多功能为一体的城市副中心区。

①商业购物区：规划区内的主要功能区，商业步行街或商业购物中心。

②商务办公区：包括商业金融中心、办公楼等功能。

③创新产业区：主要包括动漫产业园地、艺术家工作室、专家公寓、会所等功能。

④市民活动区：包括城市工业遗产主题公园和主题广场，面积不小于2.5公顷。

（3）规划要求

①充分论证并确定规划地段的核心功能，各功能区面积自定。

②根据周边环境特点和各分区之间的关系合理地布局规划结构。

③合理组织交通系统，保证交通联系高效、安全；停车位按0.5个车位/100平方米计算，地面停车率不小于20%。

④充分考虑基地文脉，适当保留工业遗存，创造特色休闲、活动空间。

⑤建筑为多层或高层，建筑高度控制在50米以下，根据功能需要选择合适的建筑体量和布局形式。

（4）设计成果

①总平面图（1∶1000），图面标注建筑功能、层数、道路宽度、广场、水体、绿化景观及其他必要内容。

②分析图不少于2个。

③群空间剖面图不少于1个。

④规划设计简要的构思文字说明，不少于200字。

⑤规划设计的经济技术指标。

⑥规划设计图表达形式不限，图纸规格为国标A1号图纸。

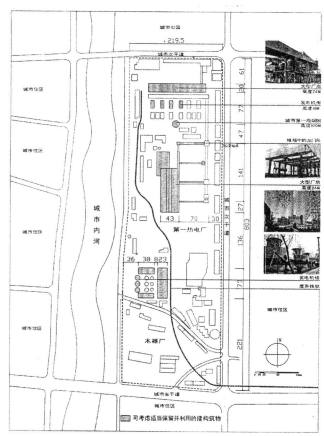

图4-31 地形图

2. 题目解析

①此方案是北方某工业遗存的更新设计，基地具有较强的人文趣味性和景观趣味性，考生应根据保留关系合理规划道路和人行流线。

②题中要求合理布置文化创意区域、公园广场的区域，应考虑道路、车站等决定人流的因素。

③应特别注意景观的营造，将基地内需要保留的工业遗产融入景观整体，形成合理的视觉关系，并注意水景的处理。

④注意休闲区域的合理布置，充分考虑视觉、交通等便利性因素。

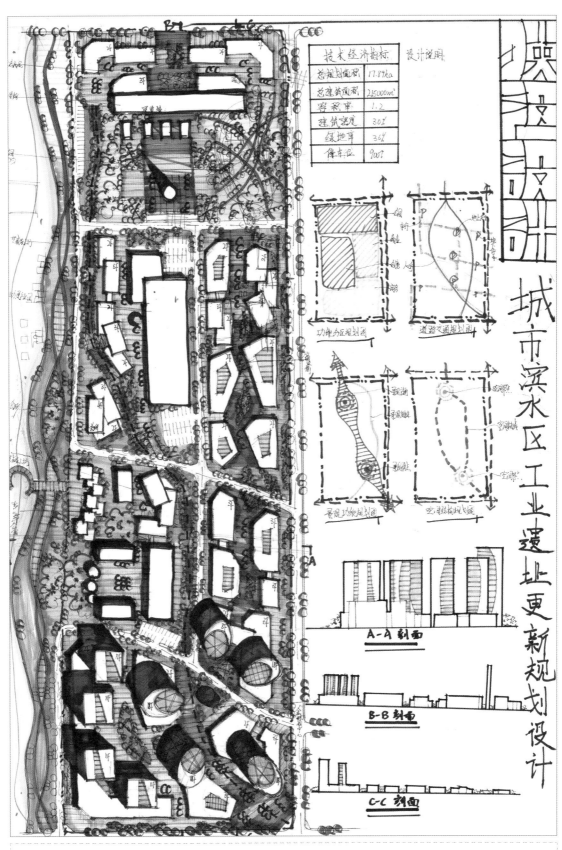

作者：张倚彬／表现方法：钢笔＋马克笔／时间：6小时

优点： 功能布局合理，有意图地串联起各功能区；道路交通布局延续原有城市肌理，整体上与用地西侧相对应。

缺点： 商业建筑布局混乱无序，流线组织太乱，广场的引导性不强，景观设计不成系统；部分建筑平面不能区分其功能；分析图效果不美观。

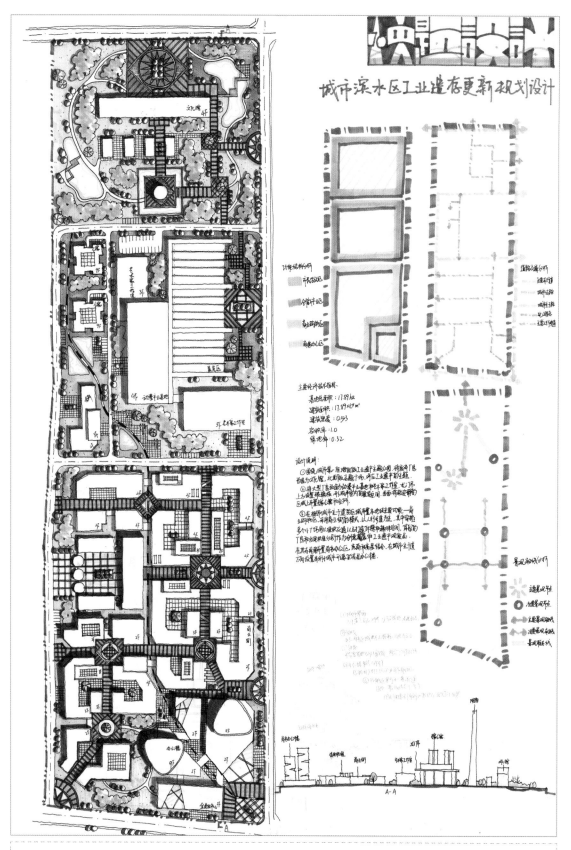

作者：李明励 / 表现方法：钢笔＋马克笔 / 时间：6 小时
优点：图面效果简单干净，功能布局合理，道路交通组织适当，建筑形式丰富，围合感好；有意利用步行连接各分区，景观处理与建筑相融合；广场铺装等细节处理得较好，层次清楚，主次分明。
缺点：有部分建筑形状奇怪，如果做拆分处理会更好；主要入口广场不突出。

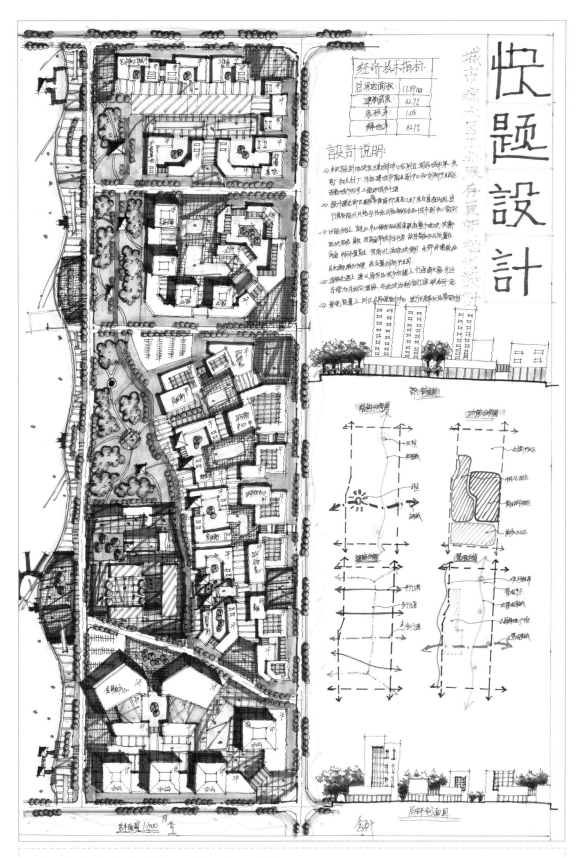

作者：李科／表现方法：钢笔＋马克笔／时间：6 小时

优点：功能布局合理，道路交通布局能够延续原有的城市肌理，整体上与用地西侧相对应。

缺点：商业建筑布局混乱无序，广场的对外性不强，景观设计单调；部分建筑平面未能很好地区分其功能，各功能建筑平面有点类似。

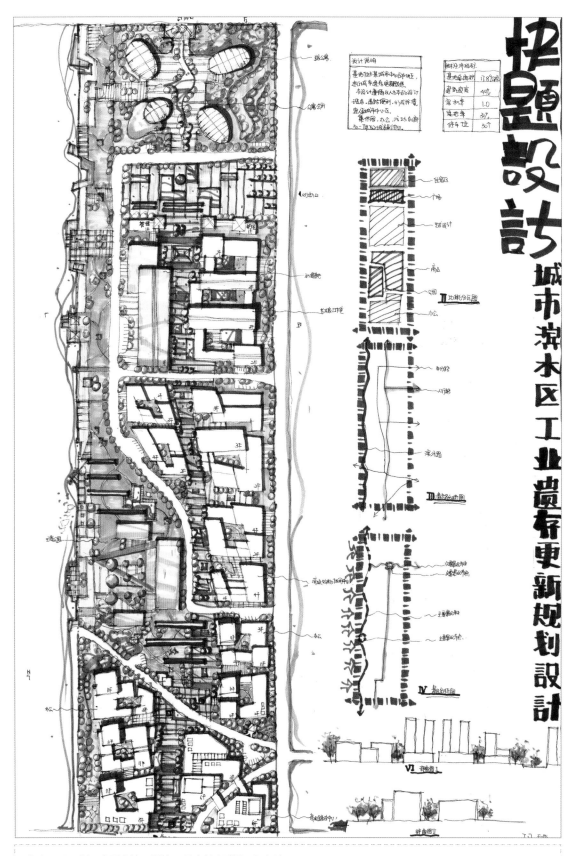

作者：王一彤／表现方法：钢笔＋马克笔／时间：6小时

优点：图面完整，轴线明确，交通合理，视觉效果强烈。

缺点：公园太过狭长，办公造型与商业造型相似，轴线过于通畅；未能充分考虑对面公园与规划公园的位置关系；
公寓占地面积太大，保留建筑较少，分区不是最优解，还需斟酌。

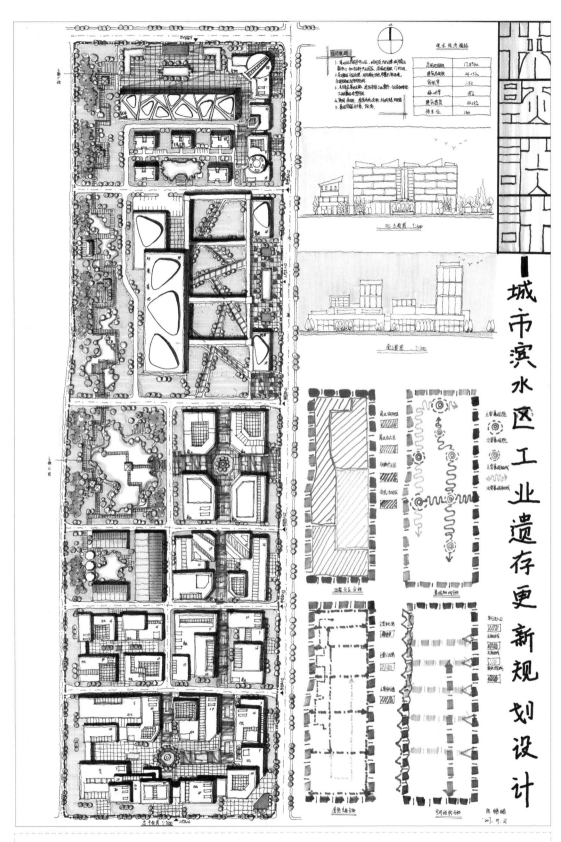

作者：陈鹏鹏 / 表现方法：钢笔＋马克笔 / 时间：6小时

优点：方案分区明确，路网关系清晰，建筑选型比较丰富，图面表达完整，整体色调和谐，基本表达清晰。

缺点：建筑元素最好统一，会所体量可以稍大些；商业购物区色彩应突出轴线，建筑整体应加强联系；商务办公区应注意部分对应，公园亭子应上色点缀，水系形状可以更自然一些；注意步道与各轴线之间的对应关系，建筑体量避免均质。

十二、水乡旅游综合服务区规划设计

1. 真题题目

南方某大城市远郊、国家级风景名胜区内的南村镇拟建一个旅游综合服务区。毛用地面积 9.44 公顷（含河涌水面和部分道路面积），用地平坦，周边情况及具体尺寸见图 4-32。基地北侧和南侧分别是 16 米宽的道路，西侧是 24 米宽的过境国道和西山次高峰（峰顶高出基地 78 米）。基地东临东湖，规划有游船码头、规划高峰小时人流量 800 人。基地内有一条红线 16 米宽的四车道现状道路、一条 20 米宽的河涌和一条 10 米宽的小河涌穿过。河涌不得填满。

（1）规划设计内容

①主题演艺中心占地面积 15 000 平方米，可为室内或半室外表演场地，建筑面积不限。

② 200 间客房三星级旅游宾馆，建筑面积 20 000 平方米。

③旅游商业街（购物、小型旅社、餐饮等），建筑面积 15 000 平方米。

④游客咨询服务中心建筑面积 2000 平方米。

⑤风景名胜区管理中心建筑面积 2000 平方米。

⑥巴士车站用地 2000 平方米，建筑面积 400 平方米；另设自驾游、旅游巴士停车场，占地面积 8000 平方米，建筑面积不限。

⑦其他绿地、广场及酒店、管理中心等专用停车场设施规模自定。

根据上层次规划：基地内建筑限高 48 米，建筑密度不大于 50%，绿地率不低于 15%。

（2）图纸要求

①总平面图 1：1000。

②空间表现图，不小于 A3 图幅。

③分析图自定。

④简要规划设计说明和技术经济指标。

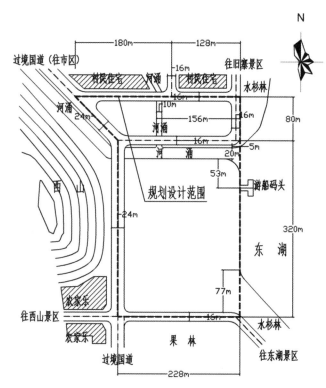

图 4-32 地形图

2. 题目解析

①此方案是旅游区规划，基地西面靠山，东面临湖，周边道路发达，西边有国道，一般不应开车行道。

②题目中要求合理布置商业中心与商业街，应考虑国道、车站等决定人流的因素。

③东部是滨水空间，应注意景观的营造，与西山形成景观上的视觉关系，并注意水景的处理。

④注意中部演艺广场的尺度和外部空间的设计。

⑤合理布置主题酒店，充分考虑视觉、风景、交通便利性等因素。

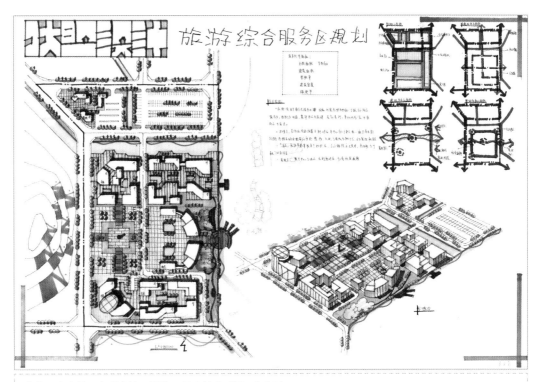

作者：卢小芳／表现方法：钢笔＋马克笔／时间：6 小时

优点：停车场画法基本正确，建筑形式丰富，与环境相结合；分析图到位，鸟瞰图精细，图面比较整体。

缺点：部分功能位置欠考虑，三个主要人流方向考虑不全面；道路的设置影响了主要建筑的完整性，区域内道路与城市级道路连接时，三岔路口处理得生硬；滨河景观设置得太简单，中间的演艺广场建筑体量太小，主要功能不突出，以至广场太空旷。

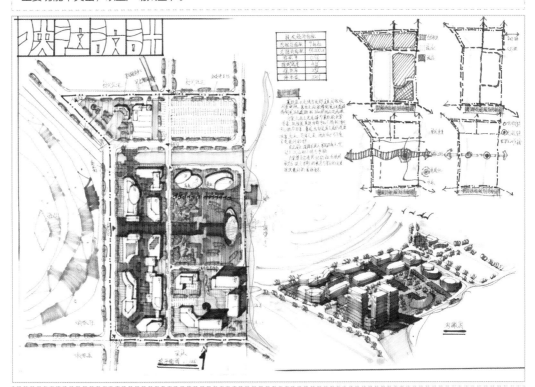

作者：张倚彬／表现方法：钢笔＋马克笔／时间：6 小时

优点：建筑选型较为多样，功能分区合理，图面表达较为完整、饱满；方案结构清晰，鸟瞰图表现较好。

缺点：演艺广场建筑过小，方位不对，不能满足演艺活动的要求；有独立设置的商业区，距离商业街过远，并且形式不一样；商业轴线过于粗糙，建议把水系景观系统做得更丰富些，比如再加点树阵，或者将树与水池相结合；三星级宾馆未设置地下停车；可以做一个主体建筑，凸显酒店的体量；综合考虑车站的人流导向。

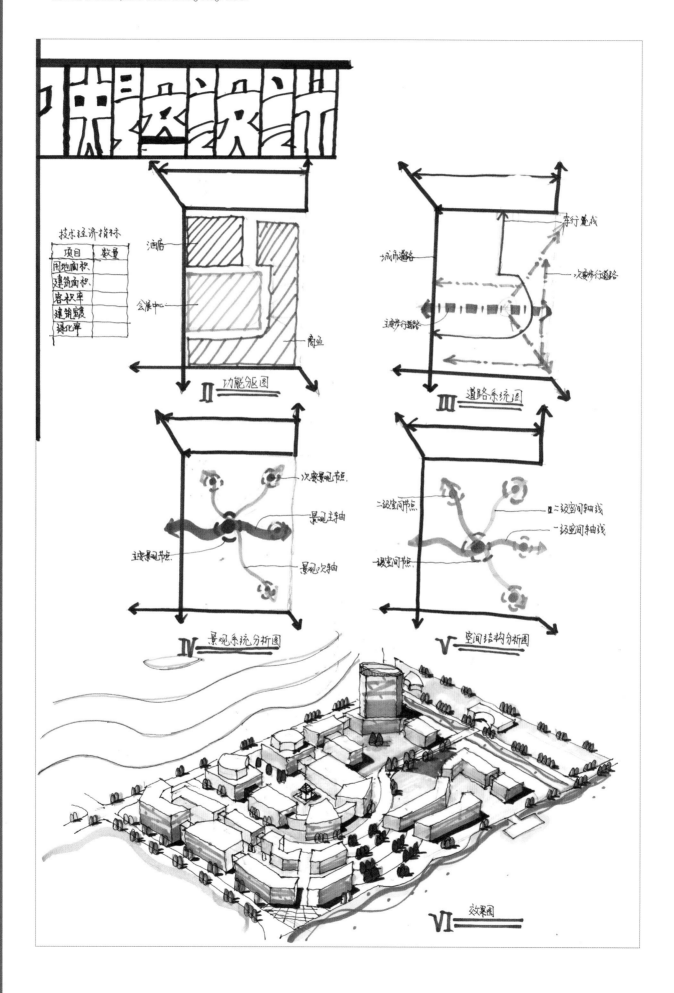

技术经济指标

项目	数量
用地面积	
建筑面积	
容积率	
建筑密度	
绿化率	

酒店

会展中心

商业

II　功能分区图

车行范线

城市道路

次要步行通路

主要步行道路

III　道路系统图

次要景观节点

景观主轴

主要景观节点

景观次轴

IV　景观系统分析图

二级空间节点

二级空间轴线

一级空间轴线

一级空间节点

V　空间结构分析图

VI　效果图

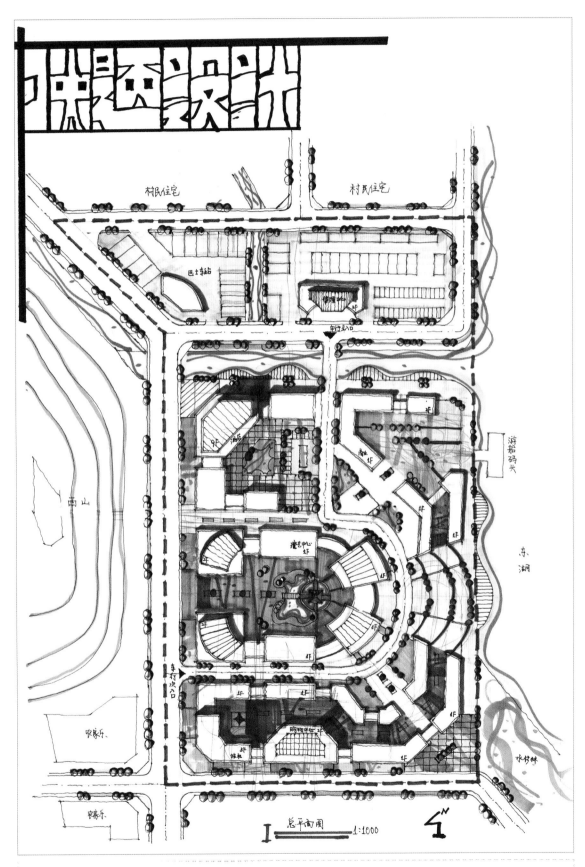

村民住宅

村民住宅

巴士轮站

南山

游船码头

东湖

演艺中心
4F

水货科

农家乐

农家乐

车行次入口

总平面图　1:1000

作者：吴梦飞 / 表现方法：钢笔 + 马克笔 / 时间：6 小时

优点：各功能分区布置合理，建筑形式大胆，停车位的布置基本合理，各处人流来去处理得较好。

缺点：演艺中心和商业街建筑连续得太长，不符合消防规范；左侧山体表现得不好，有些区域铺装表达与建筑未分开。

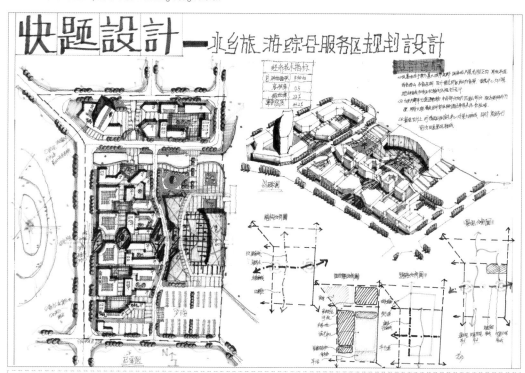

作者：李科 / 表现方法：钢笔 + 马克笔 / 时间：6 小时

优点：功能分区布置基本正确，建筑形式能够结合环境，比较丰富，空间节点有收有放；图面比较完整，鸟瞰图表现较好。

缺点：道路设置不合理，既然在内部开了道路，那停车场应该放在北侧，靠近酒店位置；在功能分区上，部分功能位置欠考虑，演艺广场太小，不能满足人流疏散需求；左侧山体的表现太粗糙，分析图的布局影响了整体图面效果。

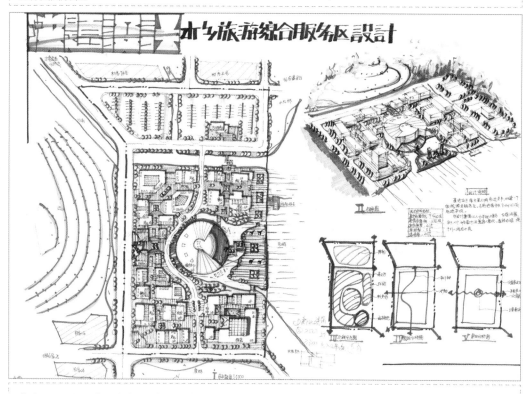

作者：王一彤 / 表现方法：钢笔 + 马克笔 / 时间：6 小时

优点：图面完整，演艺中心突出，建筑排布有序列，各功能建筑尺度基本正确，鸟瞰图效果较好。

缺点：车行路网形式破坏了整体构图，建筑形式简单且太过分散，不能区分出各个功能；演艺中心的朝向不对，疏散广场太小；北部集中设置停车场的设计不合理，水面效果的表达不好。

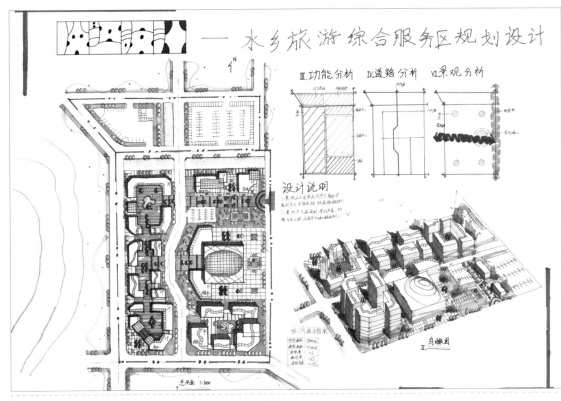

作者：田梦飞 / **表现方法：**钢笔＋马克笔 / **时间：**6 小时

优点：道路交通组织适当，建筑形式丰富，各组团在建筑上有一定的联系；图面效果简单干净，鸟瞰图表现较好。

缺点：演艺中心的疏散广场朝向不对，未朝向人流来的方向；商业街尺度部分区域过大，酒店的位置不恰当。

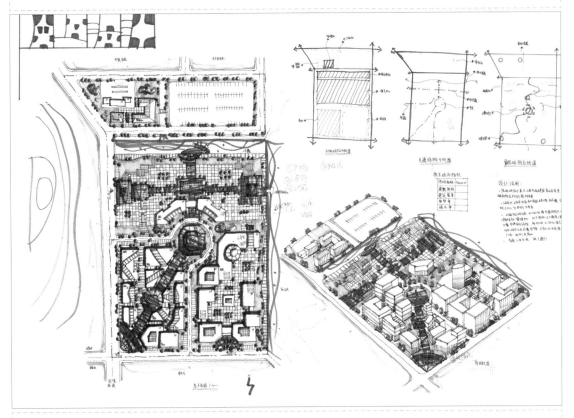

作者：谷苗苗 / **表现方法：**钢笔＋马克笔 / **时间：**6 小时

优点：功能分区明确合理，道路轴线清晰明了，商业街道布置较好，色彩搭配适宜。

缺点：建筑密度不均衡，酒店面积超标，演艺中心较小不突出；铺装颜色压得太深；注意国道不开车行道，地块周边环境要完整，自己开的道路要标明；分析图轴线过细，效果图表达可再细致一些。

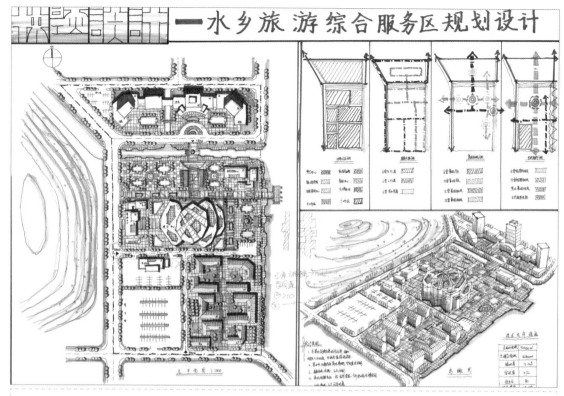

作者：陈鹏鹏 / 表现方法：钢笔＋马克笔 / 时间：6 小时

优点：图面整体表现完整，建筑选型较为多样化，排版紧凑、饱满。

缺点：功能分区有待调整，国道上不能设置车行出口；商业街建筑面积有误，步行空间需要再流畅一些；演艺中心周边空间需要再做调整，车行道尽头长度不要超出规范。

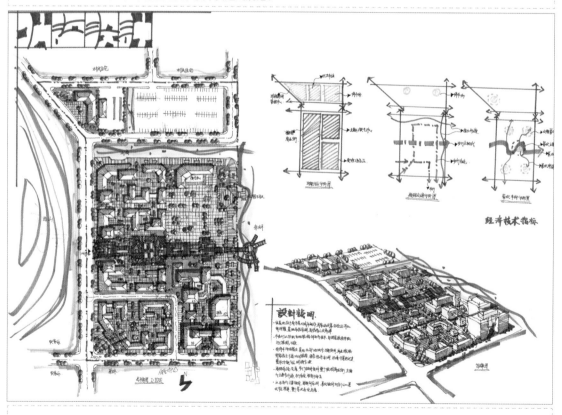

作者：陈晓情 / 表现方法：钢笔＋马克笔 / 时间：6 小时

优点：画面完整，表现清晰，景观空间层次丰富，主轴线流畅。

缺点：文化中心位置有待调整，车站与社会停车场共享入口的规格需要合理布置；注意篮球场的日照和朝向，商业中心铺装注意绿地率，中心广场空间可更丰富一些，步行商业街注意形态围合和出入口导向。

十三、长江中游某村落规划设计

1. 真题题目

长江中游某省会城市附近一村落，东南两侧临路，东侧为城市40米高架西环快速线，南侧为12米宽的支路。南侧的村口附近有古银杏树若干棵（图4-33）。村民集体就利用村道以南的现状菜地的可建设用地（虚线范围）提出规划要求：

①依托附近高校的创意产业发展为设计师工坊，布置20 000平方米建筑面积的艺术创意工作室。

②结合体验式旅游，引入建筑面积约3000平方米的民宿设施。

③布置村民住宅20户，每户建筑面积为250平方米，设置总计1000平方米建筑面积的村部及其他附属设施。

④规划一处2000平方米建筑面积的村敬老院。

⑤规划范围（虚线范围）以外的其余村宅保留。

请按照相关要求，在5公顷的规划范围内，进行建筑、道路、绿化等要素的布局规划，并考虑艺术家群体与村民日常生活的交通组织，远景考虑游客进入，单独设立50个车位的集中停车场。规划要求建筑退让东侧道路红线20米，退让南侧道路红线5米，容积率不超过1，建筑高度不超过20米，绿地率、建筑密度可自定，并与旧村进行风貌协调。

设计成果要求

①规划总平面图1：1000。

②透视图或轴测图。

③功能布局图和其他必要分析图。

④必要的规划说明和经济技术指标。

2. 题目解析

①此方案是南方某古村落的部分更新，基地具有很强的景观趣味性，应依照村落的肌理关系合理规划道路和人行流线。

②题目中要求合理布局文化创意区域和民宿体验区域，应着重考虑道路、车站等决定人流的因素。

③应特别注意景观的营造，将基地内需要保护的珍贵树木融入景观，形成合理的视觉关系，注意水景处理。

④注意休闲区域的布置，充分考虑视觉、交通便利性等因素。

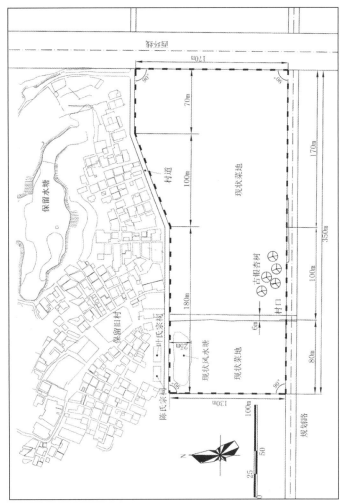

图4-33 地形图

图4-34 案例参考（图片来源：网络）

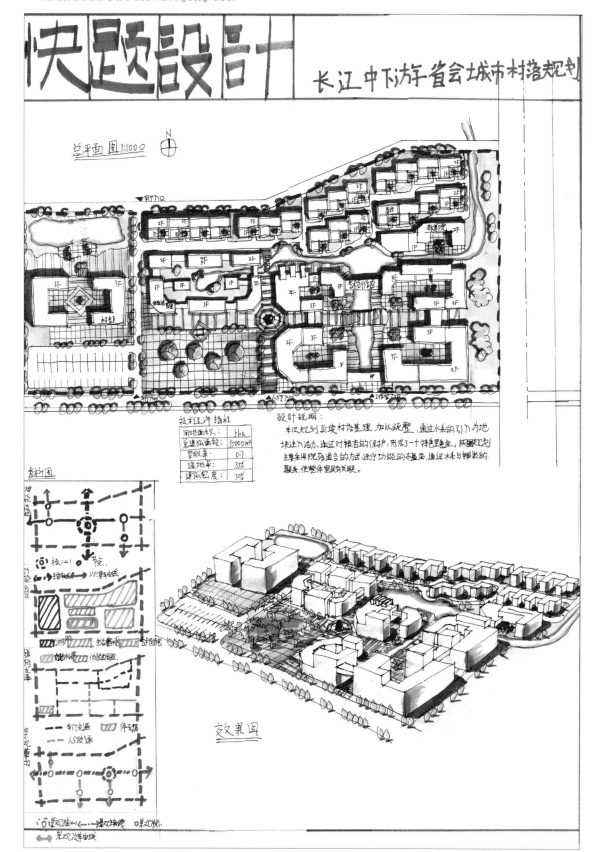

作者：任建超／表现方法：钢笔＋马克笔／时间：6小时

优点：考虑功能需要，集中布置了停车场，处理了机动车道与人行的关系；设计师工作坊空间有围和感，且与步行轴线相结合；图面表达完整，鸟瞰图建筑画得很细致。

缺点：机动车道通向民宿的部分不合理；空间节点大的过大，小的过小，没有把握好度，轴线布置不明显；建筑的形式在部分区域过于单调，体块过于均质。

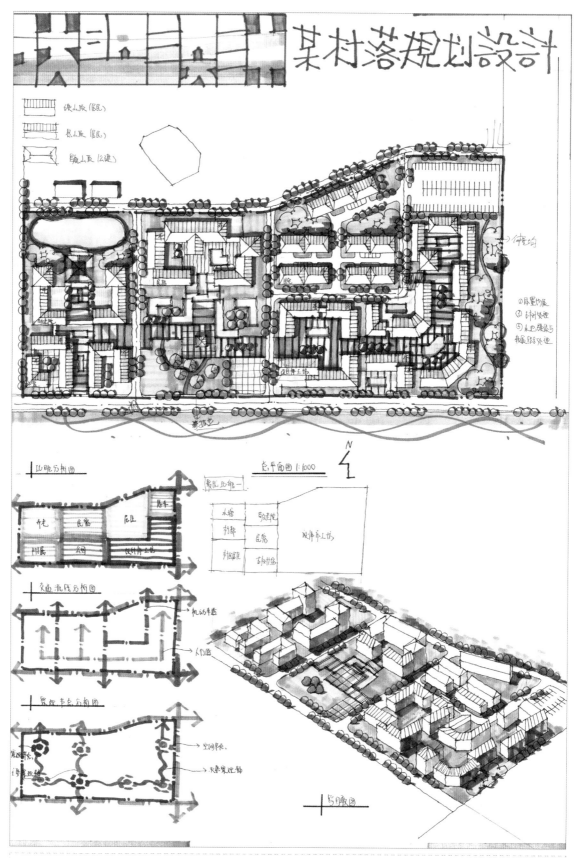

作者：卢小芳／表现方法：钢笔＋马克笔／时间：6 小时

优点：处理了机动车道与人行的关系，机动车道串联了各个功能区，通过步行轴线形成完整的系统；空间节点有收有放，轴线很好地跟节点结合在一起。

缺点：建筑的体块过于均质，建筑切割不够灵活，村委会的位置不合适，停车场的位置布置不当，设计师工作坊空间没有围和感。

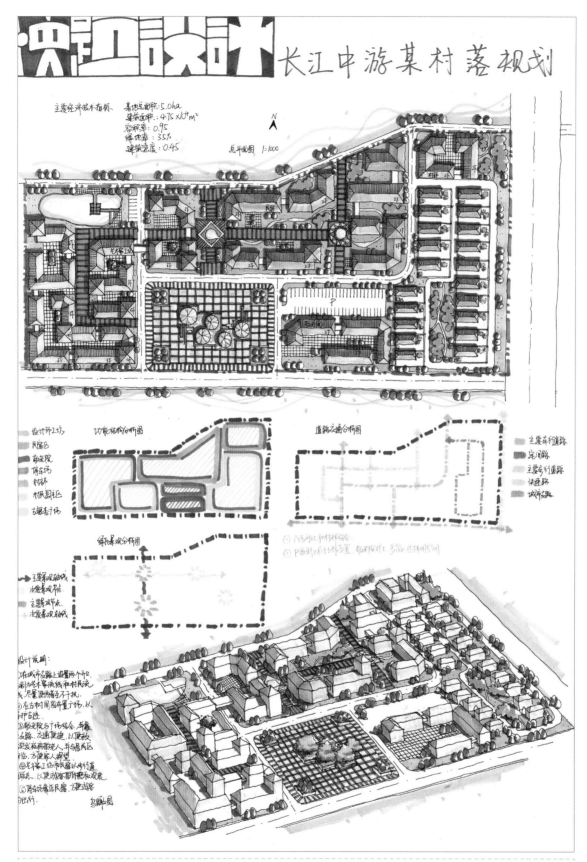

专题设计　长江中游某村落规划

作者：李明励／表现方法：钢笔＋马克笔／时间：6 小时

优点： 布局合理，图面干净，仿古商业街形制基本正确，有整体的院落围合空间；分析图淡雅，表现到位，鸟瞰图表现得较为干净、利落。

缺点： 敬老院空间比较小，停车场可以换到村部位置，村部可以和广场结合，强化功能。

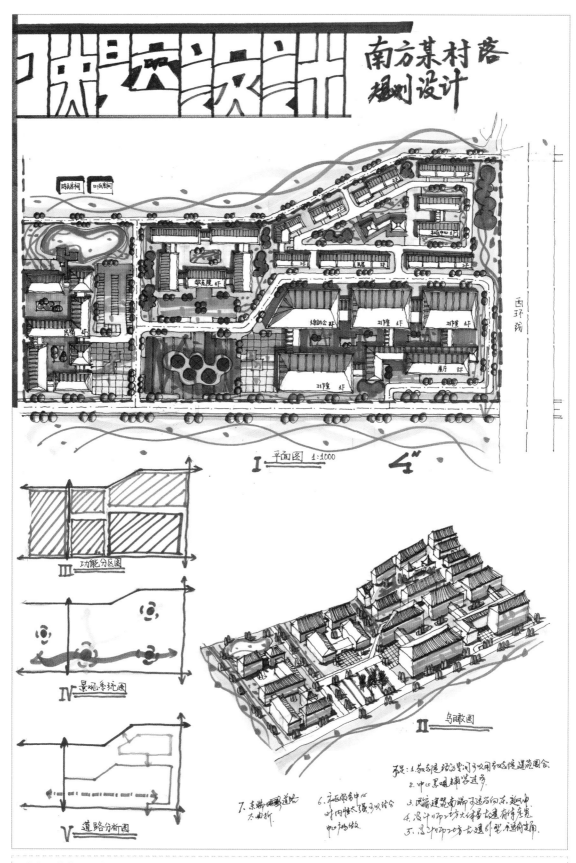

平面图 1:1000

III 功能分区图

IV 景观系统图

V 道路分析图

II 鸟瞰图

作者：蕾梦飞／表现方法：钢笔＋马克笔／时间：6 小时

优点：画面完整，表现清晰，景观空间层次丰富，主轴线流畅。

缺点：社区服务中心对内性太强，敬老院活动空间可以用建筑进行围合；民宿建筑南端可适当向东延伸，设计师工作坊的古建外形不应出现尖角。

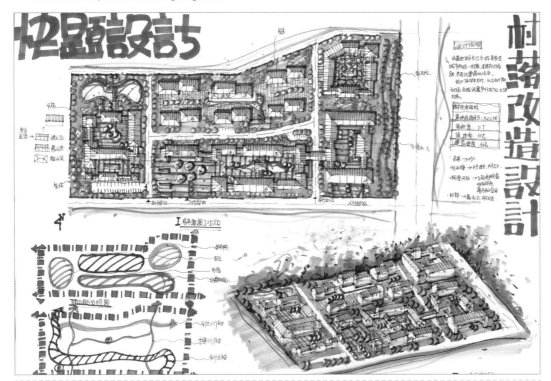

作者：王一彤 / 表现方法：钢笔＋马克笔 / 时间：6 小时

优点： 图面表达较为完整，设置了仿古类型的商业街，并与古村落的建筑形式相呼应；建筑尺度基本正确，部分空间有一定的院落空间感。

缺点： 功能分区的设置略有问题，国道上不能设置车行出口且两个车行出入口的间距有问题，步行流线不太通畅，演艺中心周边空间需要再进行升级优化。

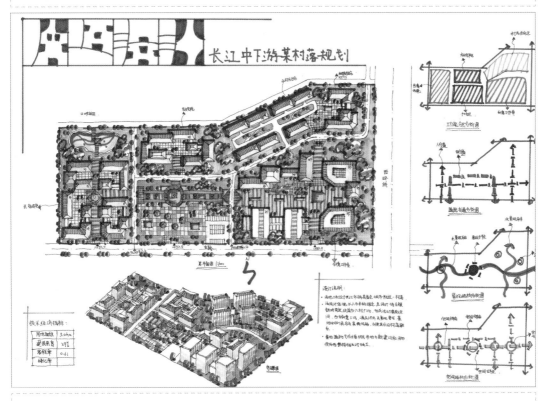

作者：谷苗苗 / 表现方法：钢笔＋马克笔 / 时间：6 小时

优点： 整体构图完整，排列有序，规划结构较为清晰；功能分区较为合理，交通组织流畅，仿古商业街形制基本正确，景观设计有系统，植物搭配比较丰富。

缺点： 广场硬质铺装太多，可适当增加一些绿化，水体表现不美观，有待加强。

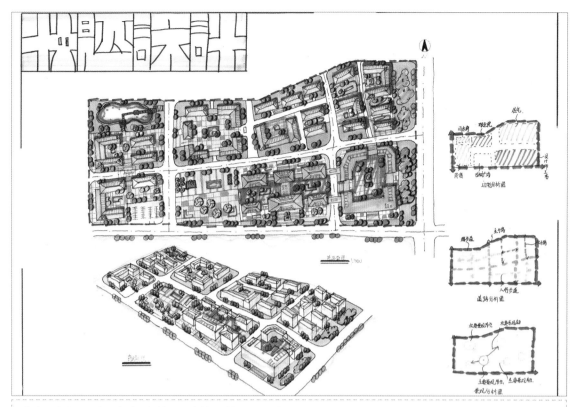

作者: 左功品 / 表现方法: 钢笔＋马克笔 / 时间: 6 小时
优点: 图面整体表现完整, 排版清晰。
缺点: 功能分区有待调整, 快速路上不能设置车行出口; 机动车道将基地分为好几块, 处理不妥当, 没有明显的规划结构; 商业街建筑面积有误, 场地景观处理得太单一。

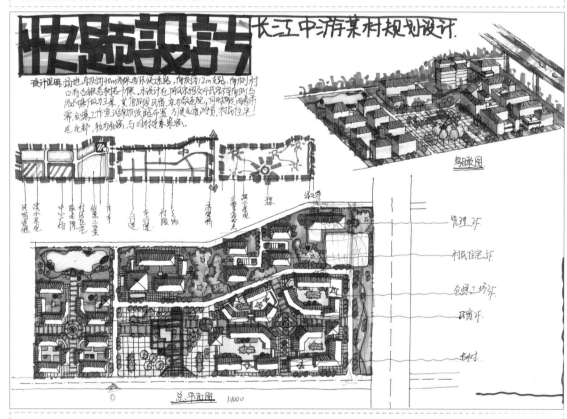

作者: 杨梓惠 / 表现方法: 钢笔＋马克笔 / 时间: 6 小时
优点: 交通组织处理了车行与人行的关系, 设计师工作坊围合感较好, 景观处理得当; 图面整体表现完整, 排版清晰。
缺点: 步行轴线不明显, 民宿安排面积略少, 鸟瞰图与所给地形比例不统一。

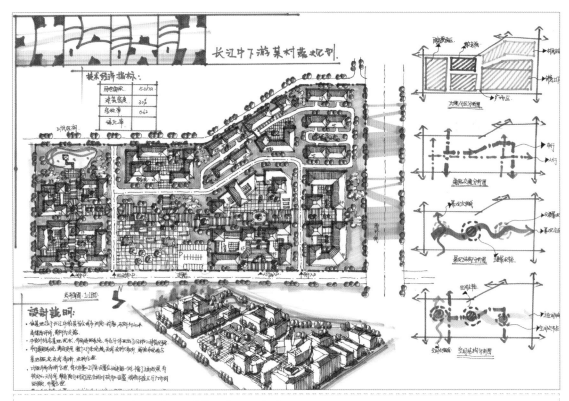

作者：陈晓情 / 表现方法：钢笔＋马克笔 / 时间：6 小时

优点：图面饱满，交通系统合理，轴线突出；图面色彩表现到位。

缺点：功能布局欠缺，有待调整；古树广场硬质过多；轴线节点大小过于均质，大小应有对比。

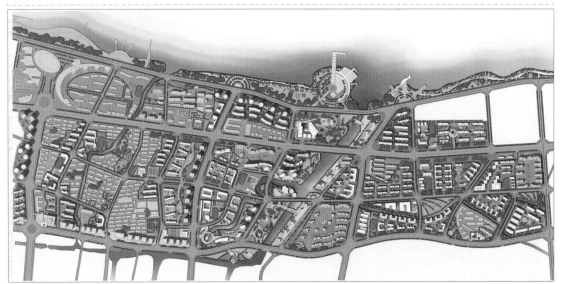

图 4-35 案例参考（图片来源：网络）

十四、某站前广场规划设计

1. 真题题目

（1）任务书要求

①拟在东北某城市建火车站址一处，用地约 7 公顷，中间为火车站站前广场及站舍用地，两侧为居住用地（图 4-36）。

②站舍用地规划火车站的进出口及长途客车进站口一处，建筑限高 10 米。

③长途客运汽车站与火车站结合设置。

④ 1 路和 2 路公共汽车到站与始发站，停车场地（不少于 20 辆）。

⑤长途客车停车场地（不少于 20 辆）。

⑥社会停车场地（不少于 100 辆）。

⑦出租车下客、上客、候车区（不少于 20 辆）。

⑧居住区容积率不大于 1.5。

（2）成果要求

①总平面图 1：1000。

②车行流线分析图。

③鸟瞰效果图。

④技术经济指标和简要的设计说明。

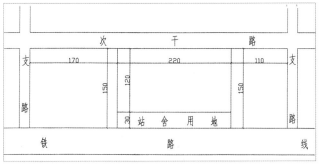

图 4-36 地形图

2. 题目解析

①功能分区：用地已经划分成三大块功能区，考点主要是如何在前广场布置公交站、长途客车停车场、社会停车场、出租车场地等设施。长途汽车客运站需要与站舍用地相邻，四大交通空间分布广场两侧即可，东西两块居住用地需要满足居住组团的布

置要求。

②建筑形态和景观设计：站前广场需要有一定设计，要求空间布局合理、有层次，东西两块居住组团设计要求有围合感，并有绿地景观设计。

③道路和交通规划：人车交通流线的合理布局是本题的考点，站前广场宜设置 U 形路，服务四大交通场地，两侧居住用地满足居住组团道路交通系统布置要求即可。

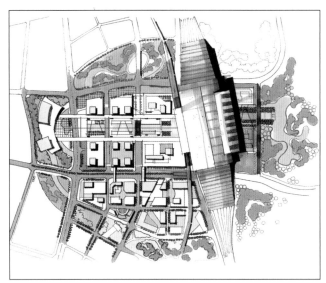

图 4-37 某站前广场规划设计平面图（李国胜绘）

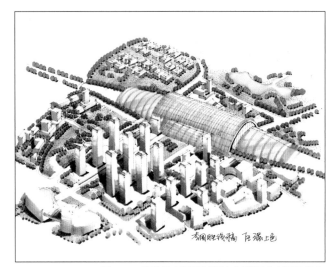

图 4-38 某站前广场规划设计鸟瞰图（李国胜绘）

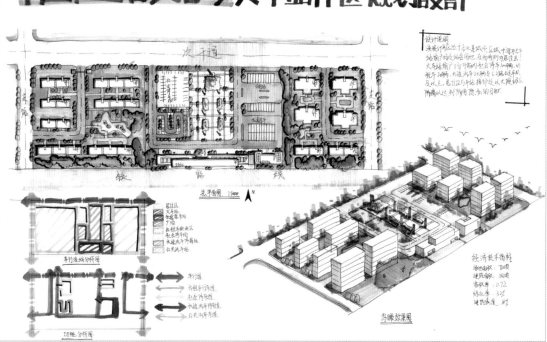

作者：郭文娟／**表现方法：**钢笔＋马克笔／**时间：**6 小时

优点：居住区交通组织合理，景观处理恰当，客运站与火车站的人流处理较为合适；图面整体表现完整，排版清晰。

缺点：站前广场被路截断不合理，景观铺地处理得太简单，居住区植物搭配不够丰富。

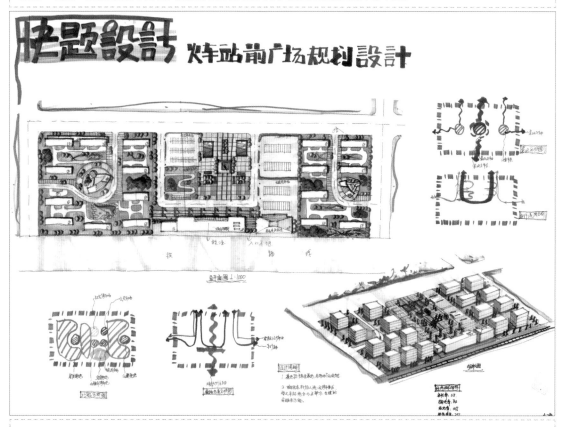

作者：陈辰／**表现方法：**钢笔＋马克笔／**时间：**6 小时

优点：居住区交通组织合理，景观处理恰当，人流处理较为合适；图面表达完整，鸟瞰图线条流畅。

缺点：居住区画得太简单，缺少建筑楼梯间和停车位；二级道路处理得不合理，步行系统的景观铺地过于简单。

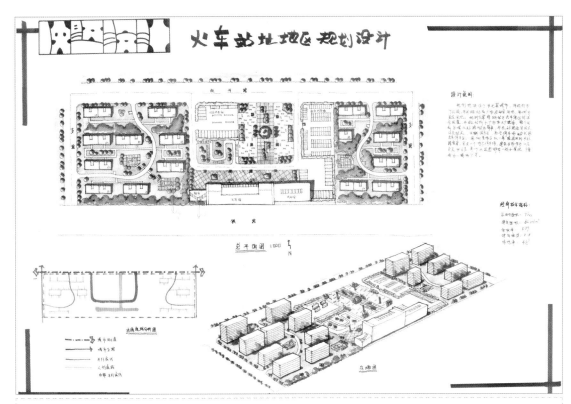

作者：绘聚学员／表现方法：钢笔＋马克笔／时间：6小时

优点：居住区交通合理，建筑排布简单、规整，景观处理得当，客运站与火车站的人流处理合适；图面整体表现完整，排版清晰。

缺点：未配置三星级宾馆，火车站与汽车站设置在一起，易造成人流冲突；未考虑汽车站内部流线，与汽车停运处结合得不好；社会停车场位置流线与出租车流线相冲突，居住区的交通流线不流畅；景观处理不成系统，站前广场的景观处理得太细碎。

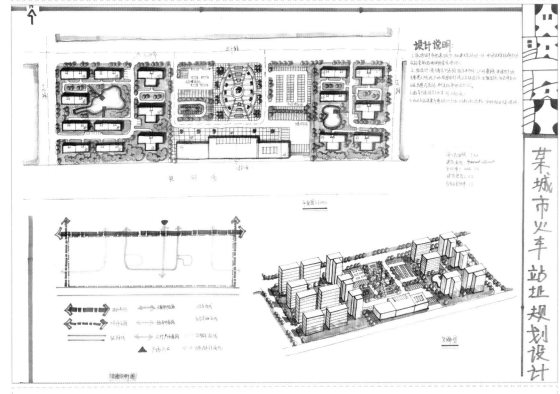

作者：绘聚学员／表现方法：钢笔＋马克笔／时间：6小时

优点：居住区交通组织合理，景观处理恰当；人流处理较为合适；图面表达完整，鸟瞰图线条流畅。

缺点：分析图太简单，广场太过花哨，与整体图面效果不搭。

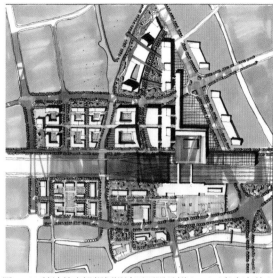

图 4-39 某站前广场规划设计平面图示例（一）（鲁东东绘）　　　　图 4-40 某站前广场规划设计鸟瞰图示例（一）（鲁东东绘）

图 4-41 某站前广场规划设计平面图示例（二）（李国胜绘）

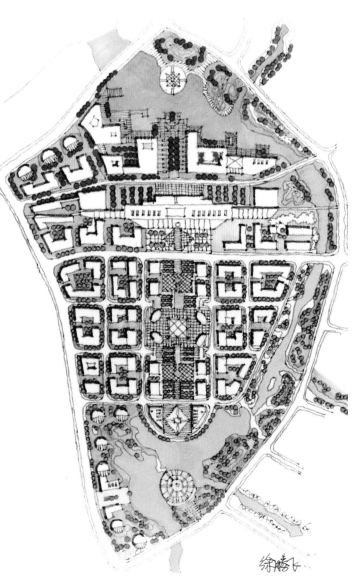

图 4-42 某站前广场规划设计鸟瞰图示例（二）（李国胜绘）　　　　图 4-43 某站前广场规划设计平面图示例（三）（徐腾飞绘）

十五、轨道交通站周边规划设计

1. 真题题目

（1）基地概况

城际高速铁路通过南方某小城市，在距现在市中心以北约 2 千米处新建了火车站。站前规划用地面积为 15 公顷，地面平坦，周边集体情况及尺寸见图 4-44，基地东侧是 30 米宽的城市次干道，西侧和南侧为 16 米宽的城市支路，南侧道路与城市和路之间有 30 米宽的绿化带。城市铁路火车站（高架站台）和铁路高架桥的标高比基底高 10 米，铁路以北是山丘，高出基地标高 60 米。

（2）规划内容

①站前集散广场面积 1 公顷以上，可根据需要设置连廊雨棚、景观小品等。

②长途汽车客运站用地面积 1 公顷，站房面积 3000 平方米。

③市内公交总站用地面积 0.5 公顷，其中司机休息室 200 平方米。

④出租车站含可容 30 辆出租车的等待区。

⑤火车站接送旅客用的社会停车场不小于 120 个标准小车位。

⑥商贸建筑面积 30 000 平方米，其中配建 80 个停车位（地上占 10%）。

⑦三星级宾馆建筑面积 15 000 平方米，配建 60 个停车位（地上占 10%）。

⑧商住区、建筑面积 20 000 平方米。

⑨必要的公共绿地，总面积不小于 1 公顷。

（3）设计要求

①合理布局各项用地，根据需要设计场地内的道路。

②合理布局各种交通流线，为旅客提供便捷、舒适的换乘条件。

③注重山水城市格局和城市门户形象。

④商贸中心和宾馆配建停车场采取地下车库形式，需在总平面图上标示地下车库出入口位置。

⑤建筑退让道路红线小于 3 米，建筑间距符合防火规范的要求。

（4）成果要求

①规划总平面 1：1000。

②各种分析图。

③空间效果图。

④经济技术指标和文字说明。

图 4-44 地形图

2. 题目解析

①轨道交通站及其周边地段的规划设计，是近年来比较热门的题型。应该注意此类重点地段类型的快题基本的平面表达形式，把握好开发强度和正确的参数指标，并且仔细分析构成元素，做到合理布局。

②基地的场地条件较为复杂，北侧为山体，因此在设计时应充分注意山体与基地整体的关系，并结合核心视觉通廊一起考虑。

③注意各交通设置的基本组织，主要公交枢纽站点的用地布局，及其对周边基地的干扰。

④需要特别注意建筑类型和形态，以便在平面图中做到合理的区分。

⑤注意场地整体的开发强度，并与场地的功能相匹配。

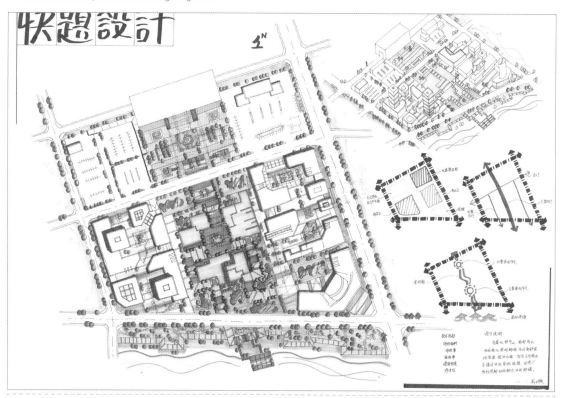

作者：高小璇／表现方法：钢笔＋马克笔／时间：6 小时

优点：轴线明显，建筑形式能够与环境相结合，且较为多样；组团内围合感部分较强，景观细节表现基本到位；分析图表达到位，色彩搭配丰富、协调。

缺点：停车场画法有误，组团内的建筑呼应感有待加强，站前广场的色彩有些突兀。

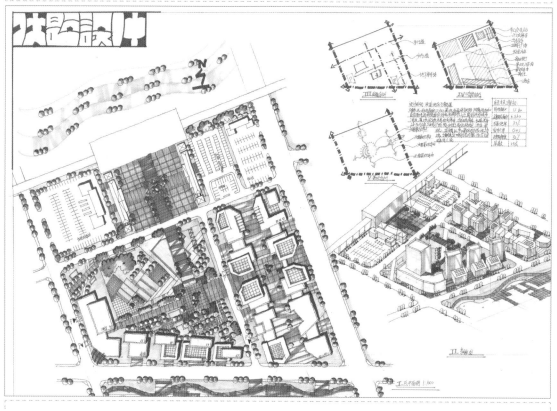

作者：郭斌林／表现方法：钢笔＋马克笔／时间：6 小时

优点：轴线明显，建筑形式丰富，组团内界面连续感强，景观细节表现基本到位；分析图表达到位。

缺点：次轴线最后收尾太紧，影响整体的设计效果；植物搭配太单一，色彩搭配部分突兀。

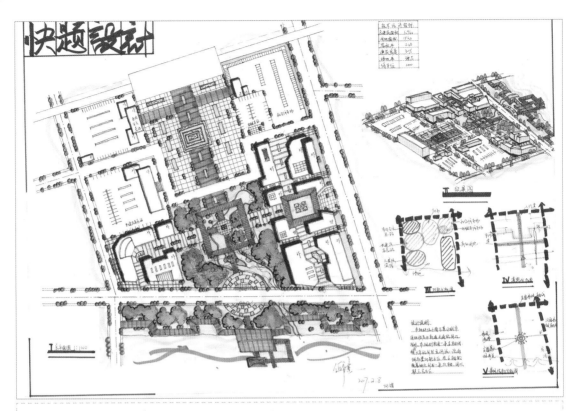

作者：何琪 / 表现方法：钢笔＋马克笔 / 时间：6 小时

优点：图面充实，规划结构清晰，功能分区合理；各组团建筑形式体量基本正确，核心景观塑造、表达丰富。

缺点：停车场画法有误，分析图略显粗糙，建筑形式可再丰富些。

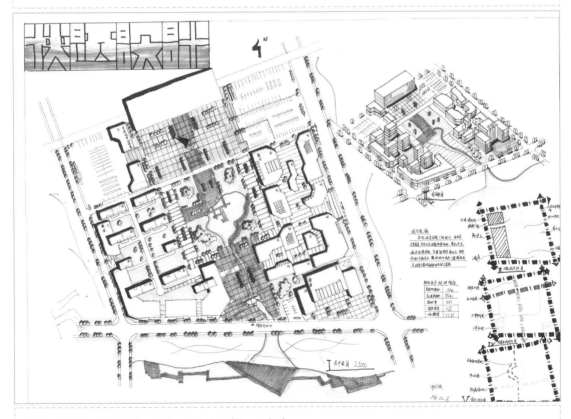

作者：罗义硕 / 表现方法：钢笔＋马克笔 / 时间：6 小时

优点：轴线明显，建筑形式丰富，居住组团整体性好，且大致正确，组团内围合感强；分析图表达到位。

缺点：轴线表达太过生硬，水体突兀，部分建筑体量过大，部分又过小，植物搭配单一。

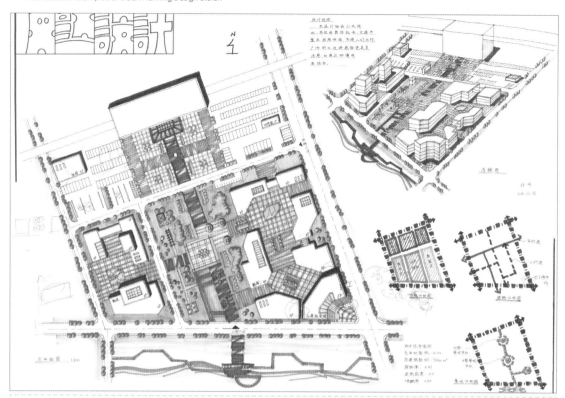

作者：任卉／表现方法：钢笔＋马克笔／时间：6小时

优点： 规划轴线突出，站前广场的铺装表现形式多样，线条细致流畅，建筑尺度较为正确；分析图细致，表达到位。

缺点： 用道路将地块分为三块，停车场的画法有误；硬质铺地太多，轴线生硬，颜色有点突兀；建筑数量有点少，内部围合感太弱，鸟瞰图的建筑高度有问题。

作者：王骏琦／表现方法：钢笔＋马克笔／时间：6小时

优点： 轴线明显，建筑形式与环境相结合，组团内围合感部分较强，景观细节表现基本到位；分析图表达到位。

缺点： 停车场不能直接留白，景观铺地处理太单一，滨水处理有点空。

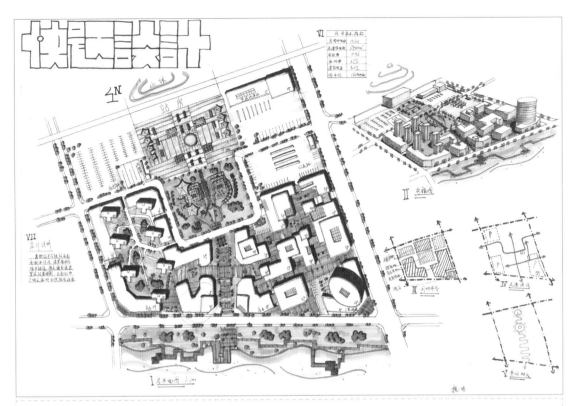

作者：魏一鸣／表现方法：钢笔＋马克笔／时间：6小时

优点： 站前广场布置得较为丰富，建筑形式较为多样；图面表达完整，分析图表达到位，鸟瞰图能表达出空间感受。

缺点： 停车场不能直接留白，建筑尺度体量不对，中间轴线太小，不能很好地联系两边；建筑布置太零散，硬质铺地太多。

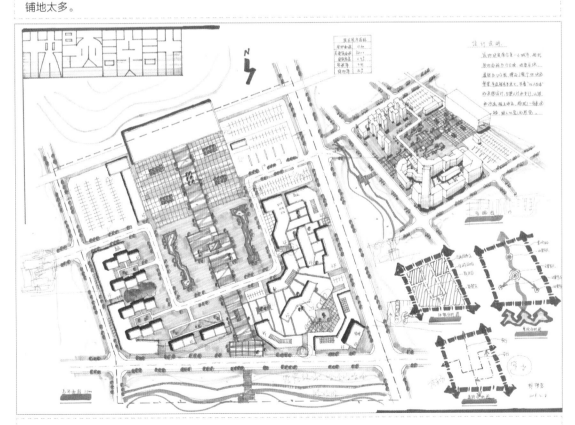

作者：徐梦霞／表现方法：钢笔＋马克笔／时间：6小时

优点： 居住区建筑排布工整，内部商贸区的流线较为清楚，建筑尺度大致正确；分析图表达到位。

缺点： 图面太空，整体布置没有把握好；景观铺地处理太单一，鸟瞰图的角度太高。

第五章　快题基础及表达突击

Basis of Design Sketch and Strengthening of Expression Skills

为设计而表达

对于城市规划快题设计来说，方案是核心，但如何快速、有效地将设计的方案呈现出来，也是快题设计考核中非常重要的部分。在整套规划图纸表达中，如何配色、如何在整合画面的同时，将规划设计中的功能结构、道路关系、景观组织与建筑形态等表达清楚是考生需要重点考虑的问题。在本章节中，我们将城市规划设计中的基本元素——建筑单体作为切入点，通过建筑单体的训练，规划平面图、整体鸟瞰图以及整套图纸的表达，循序渐进地帮助考生掌握规划快题设计中的表达技法。

手绘训练的目的不是为了炫耀技法，而在于方案的表达，因此在训练过程中，考生要时刻牢记：为设计而表达，不过分追求技法，而应将手绘的表达作为一种辅助性的手段，用于设计之中。

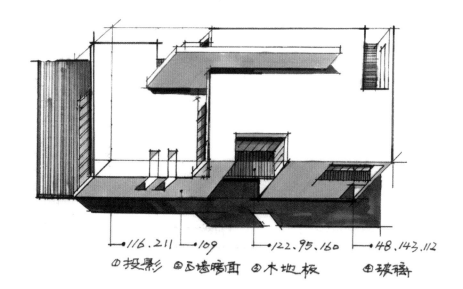

→116.211 →109   →122.95.160   →48.143.112

①投影 ②石墙暗面 ③木地板   ④玻璃

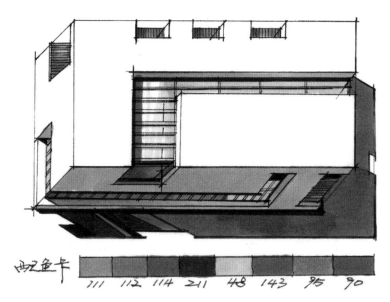

马克卡   211 112 114 211 48 143 95 90

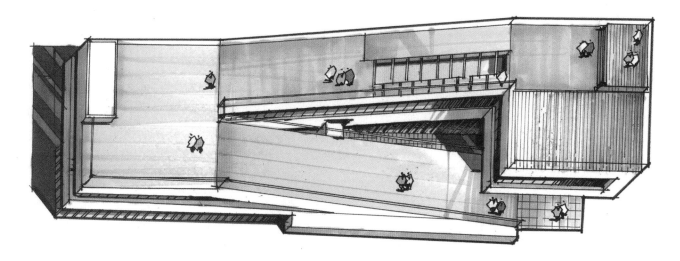

图 5-1 马克笔建筑体块塑造综合表达（一）（王夏露、李国胜绘）

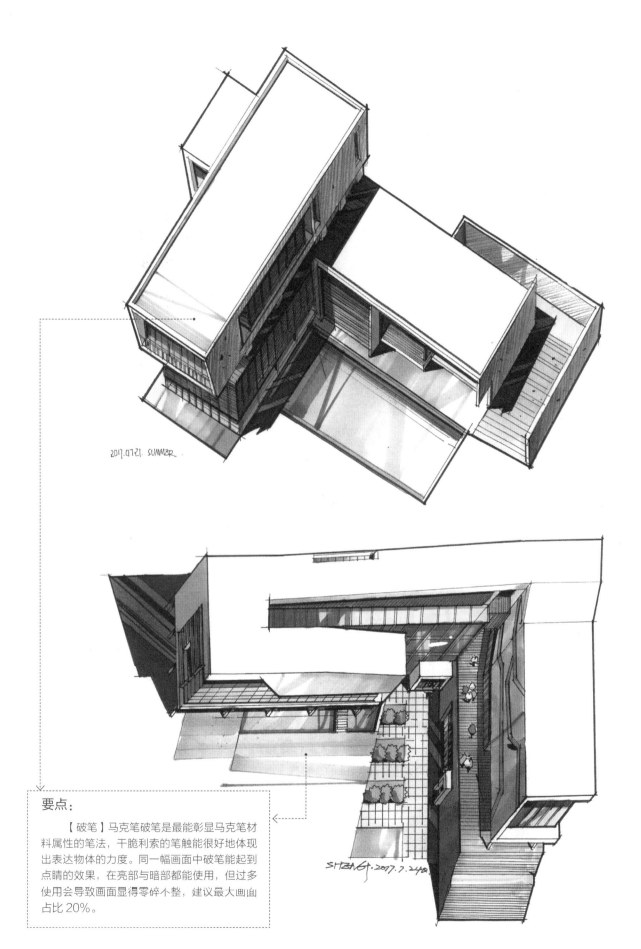

要点:

【破笔】马克笔破笔是最能彰显马克笔材料属性的笔法,干脆利索的笔触能很好地体现出表达物体的力度。同一幅画面中破笔能起到点睛的效果,在亮部与暗部都能使用,但过多使用会导致画面显得零碎不整,建议最大画幅占比 20%。

图 5-2 马克笔建筑体块塑造综合表达(二)(王夏露、李国胜绘)

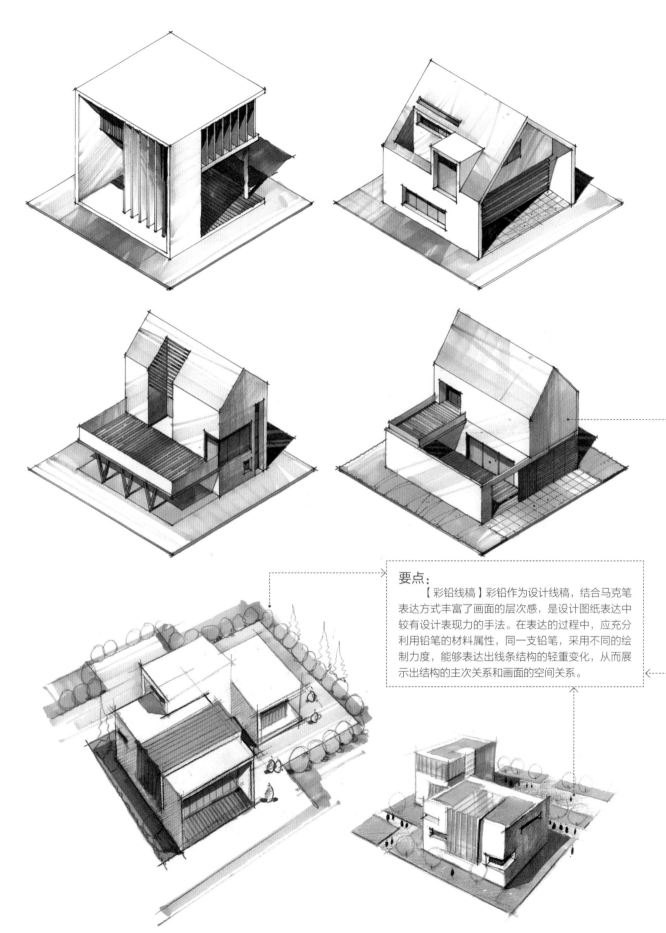

要点:
　【彩铅线稿】彩铅作为设计线稿,结合马克笔表达方式丰富了画面的层次感,是设计图纸表达中较有设计表现力的手法。在表达的过程中,应充分利用铅笔的材料属性,同一支铅笔,采用不同的绘制力度,能够表达出线条结构的轻重变化,从而展示出结构的主次关系和画面的空间关系。

图 5-3 彩铅线稿 + 马克笔建筑体块表达(李国胜绘)

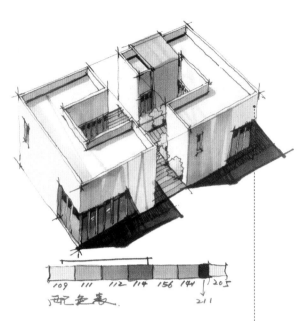

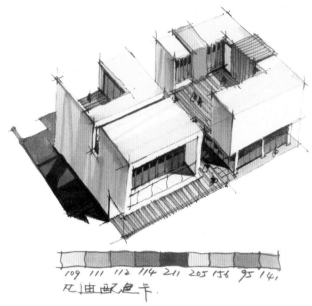

图 5-4 马克笔建筑体块塑造综合表达（李国胜绘）

要点：
　　【马克笔建筑体块】马克
笔建筑体块训练是后期建筑场
景表达中最重要的一个环节。
通过基础的建筑体块上色训练，
可以了解马克笔的明暗处理的
方法与规律、建筑材质的表达
方法。
　　从单色体块训练到复合色
体块训练，再到建筑材质细节
表达训练，都是在为后期场景
表达做积累。因为表达的场景
小，从而要做到小而精，提高
细节表达能力。

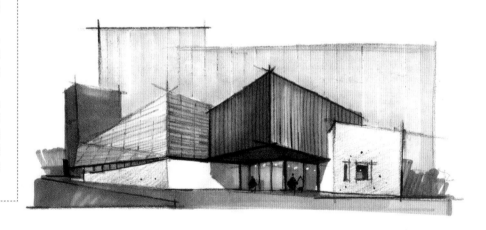

图 5-5 彩铅线稿 + 马克笔建筑体块与材料表达（李国胜绘）

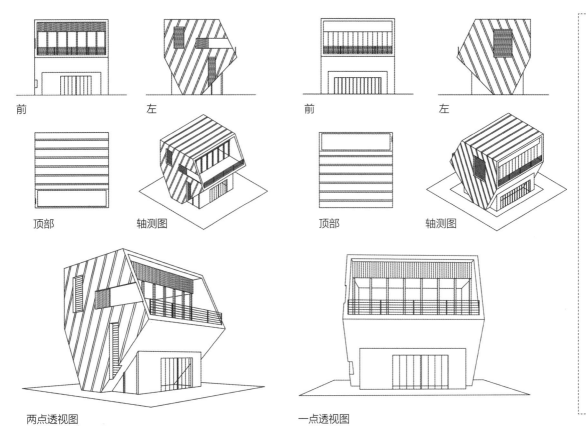

前　　　左

顶部　　　轴测图

两点透视图

前　　　左

顶部　　　轴测图

一点透视图

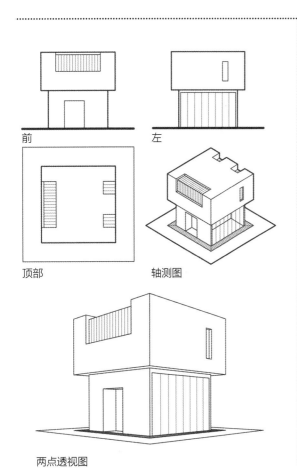

前　　　左

顶部　　　轴测图

两点透视图

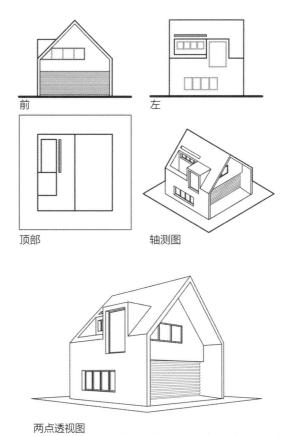

前　　　左

顶部　　　轴测图

两点透视图

图 5-6 造型训练合集（一）（马禹绘）

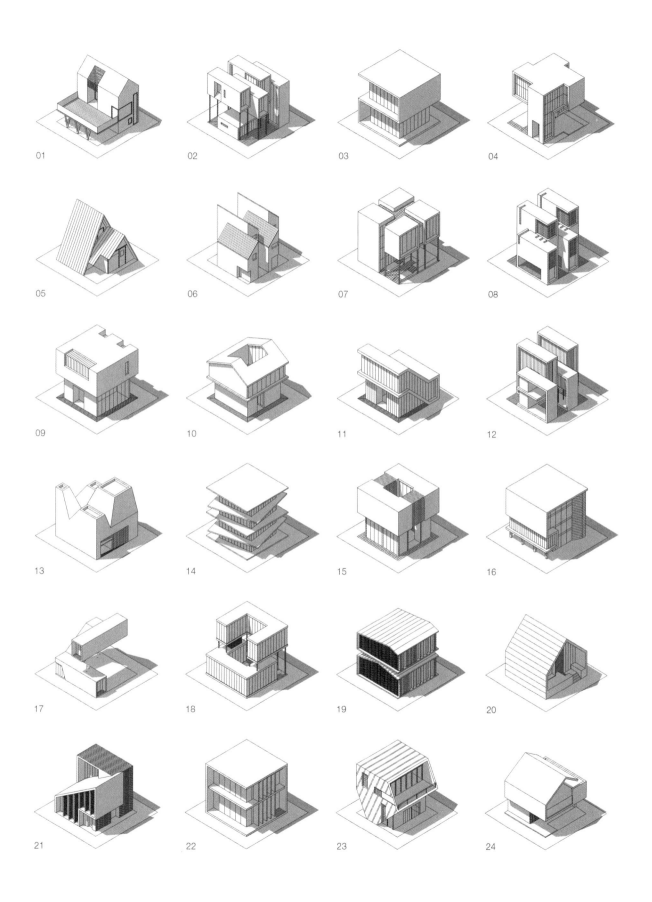

图 5-7 造型训练合集（二）（马禹绘）

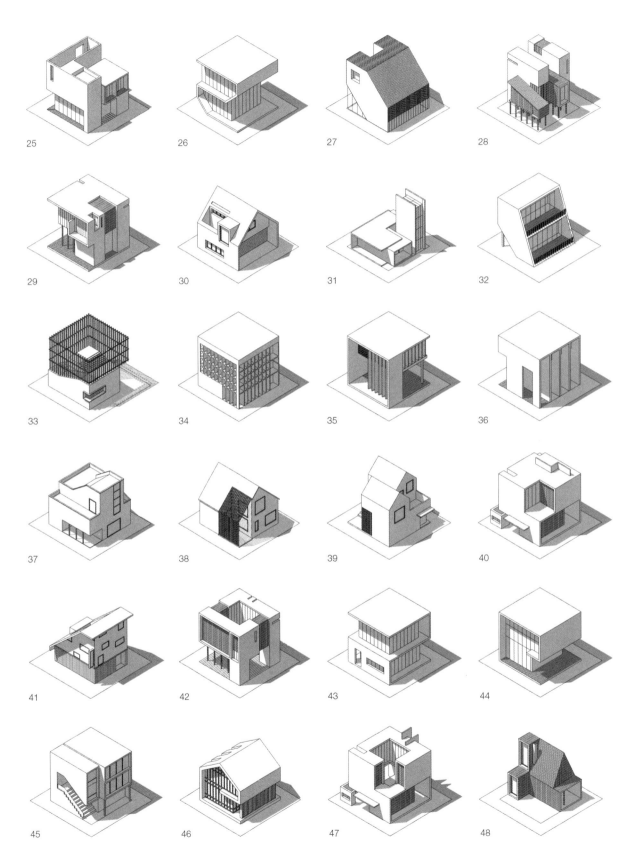

图 5-8 造型训练合集（三）（马禹绘）

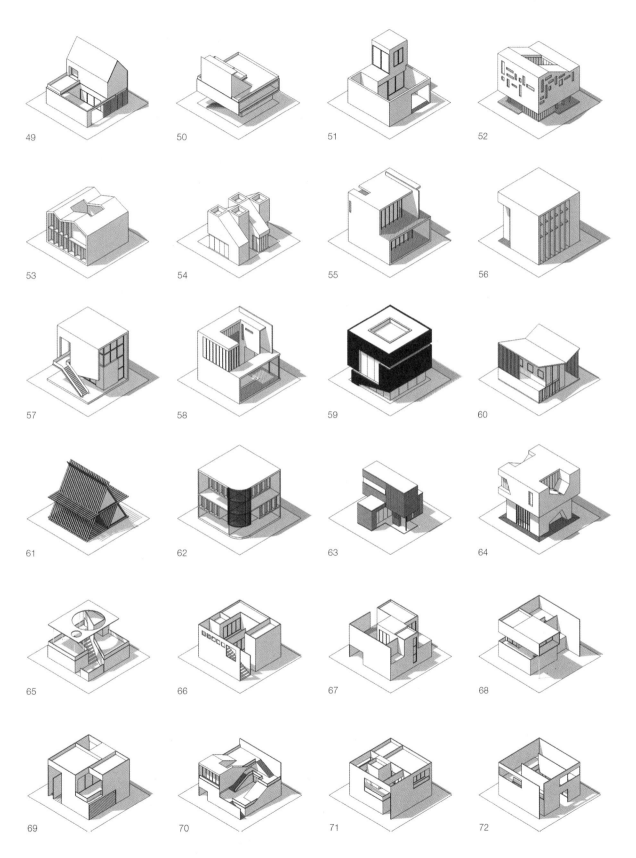

图 5-9 造型训练合集（四）（马禹绘）

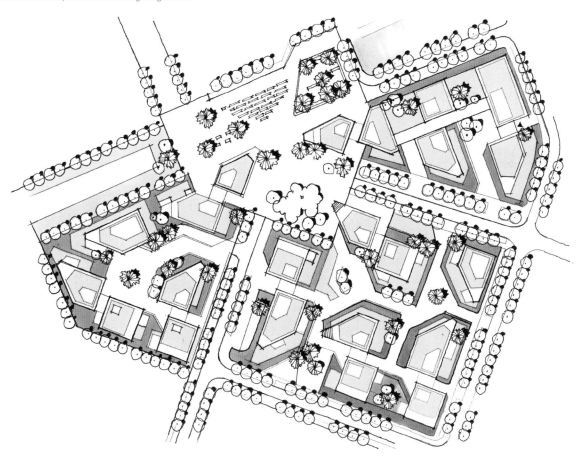

图 5-10 规划平面图马克笔表现步骤 1（徐志伟、饶勇绘）

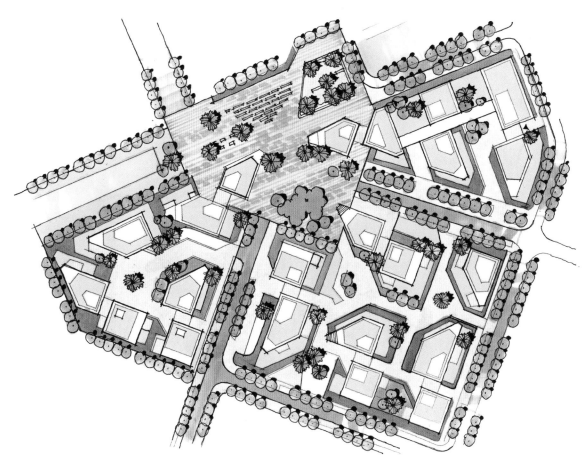

图 5-11 规划平面图马克笔表现步骤 2（徐志伟、饶勇绘）

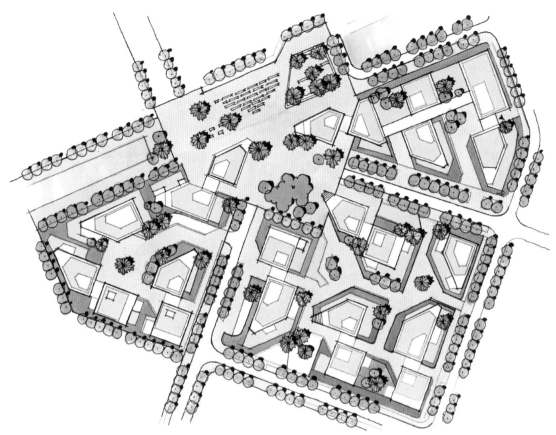

图5-12 规划平面图马克笔表现步骤3（徐志伟、饶勇绘）

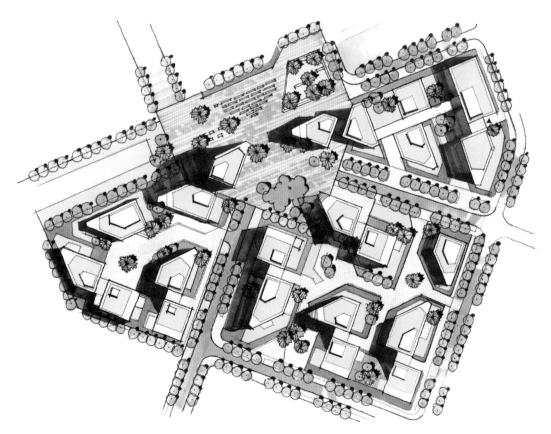

图5-13 规划平面图马克笔表现步骤4（徐志伟、饶勇绘）

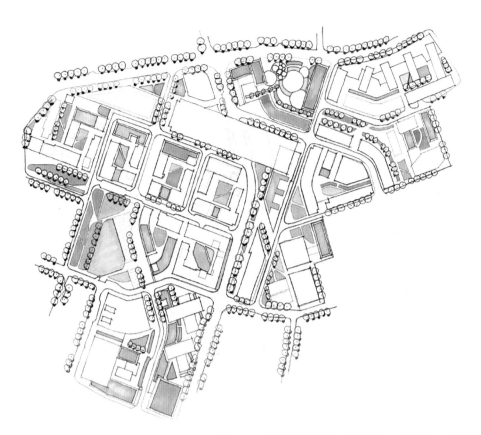

图 5-14 规划平面图马克笔表现步骤 1（徐志伟、周锦绣绘）

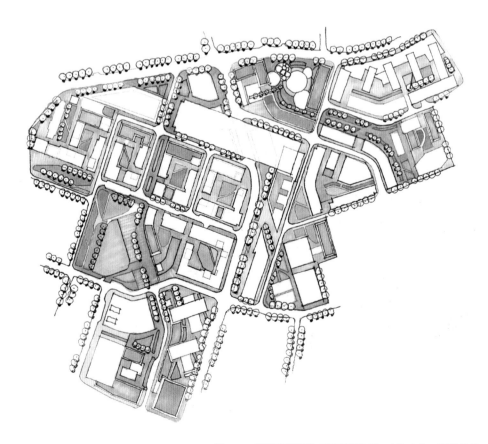

图 5-15 规划平面图马克笔表现步骤 2（徐志伟、周锦绣绘）

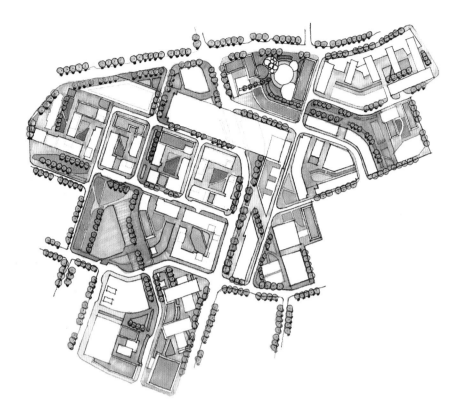

图 5-16 规划平面图马克笔表现步骤 3（徐志伟、周锦绣绘）

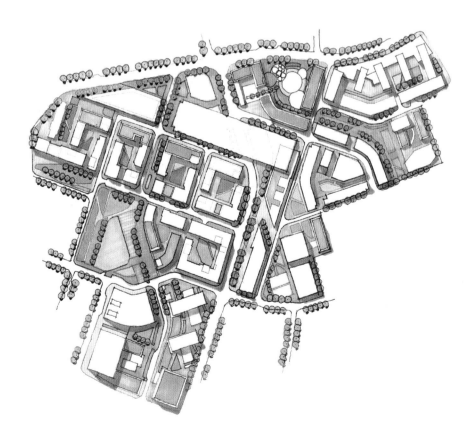

图 5-17 规划平面图马克笔表现步骤 4（徐志伟、周锦绣绘）

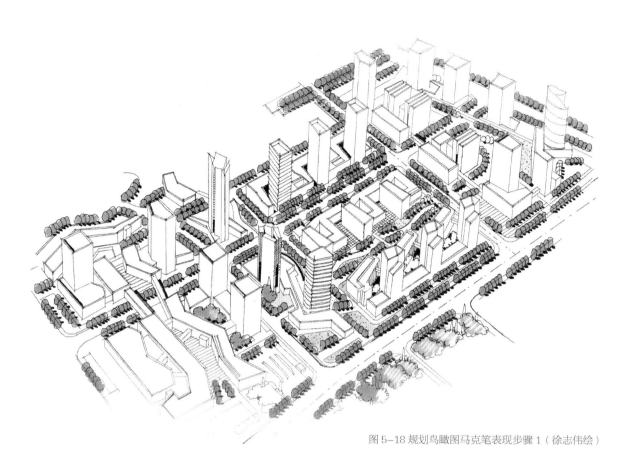

图 5-18 规划鸟瞰图马克笔表现步骤 1（徐志伟绘）

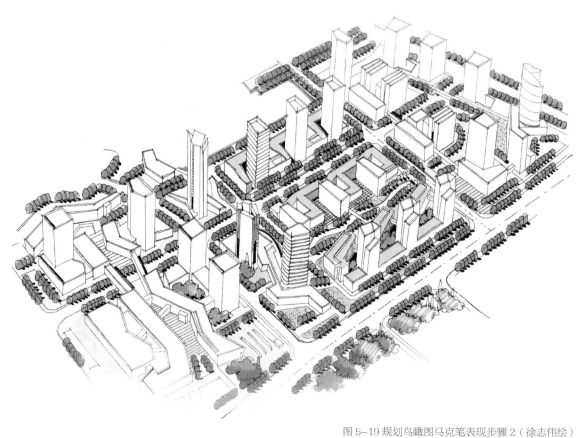

图 5-19 规划鸟瞰图马克笔表现步骤 2（徐志伟绘）

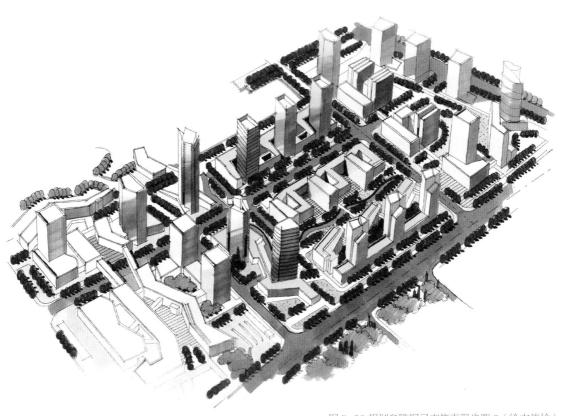

图 5-20 规划鸟瞰图马克笔表现步骤 3（徐志伟绘）

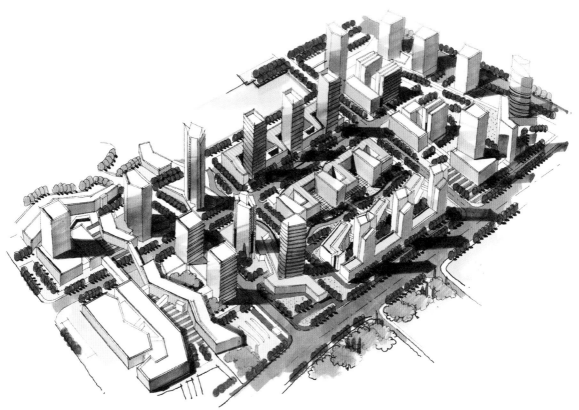

图 5-21 规划鸟瞰图马克笔表现步骤 4（徐志伟绘）

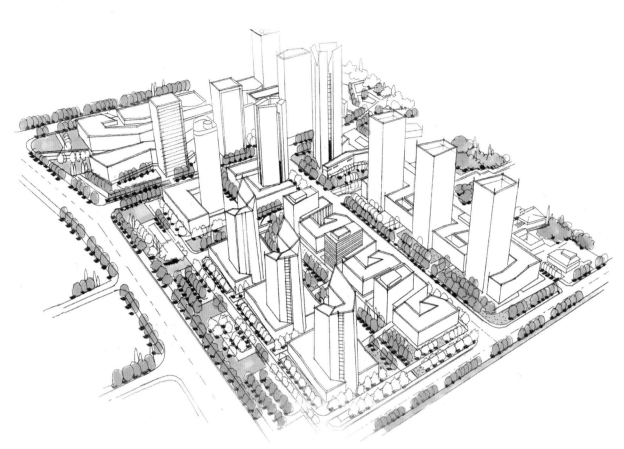

图 5-22 规划鸟瞰图马克笔表现步骤 1（徐志伟绘）

图 5-23 规划鸟瞰图马克笔表现步骤 2（徐志伟绘）

图 5-24 规划鸟瞰图马克笔表现步骤 3（徐志伟绘）

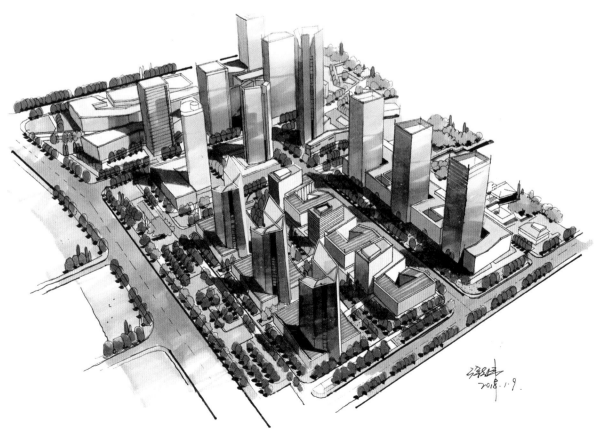

图 5-25 规划鸟瞰图马克笔表现步骤 4（徐志伟绘）

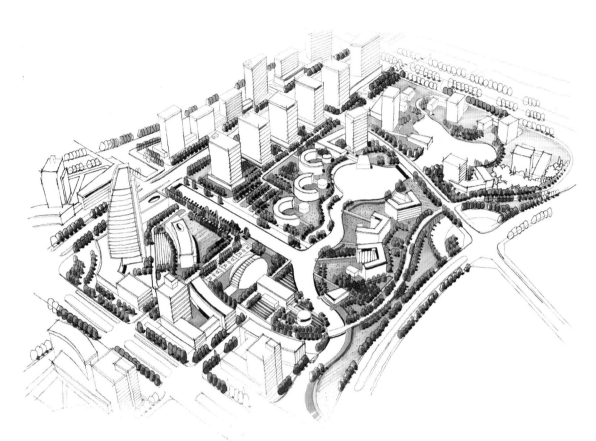

图 5-26 规划鸟瞰图马克笔表现步骤 1（徐志伟绘）

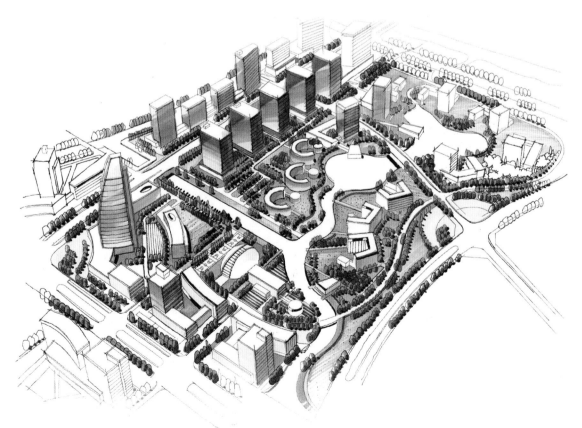

图 5-27 规划鸟瞰图马克笔表现步骤 2（徐志伟绘）

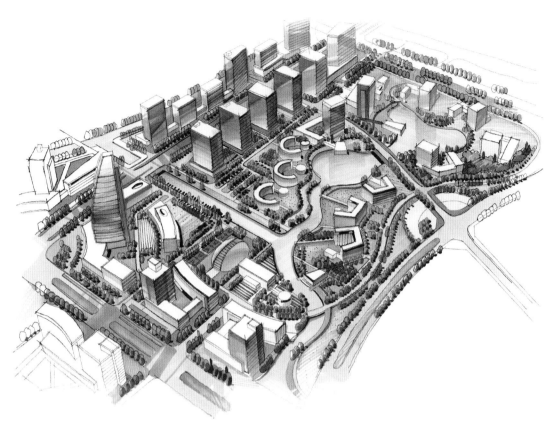

图 5-28 规划鸟瞰图马克笔表现步骤 3（徐志伟绘）

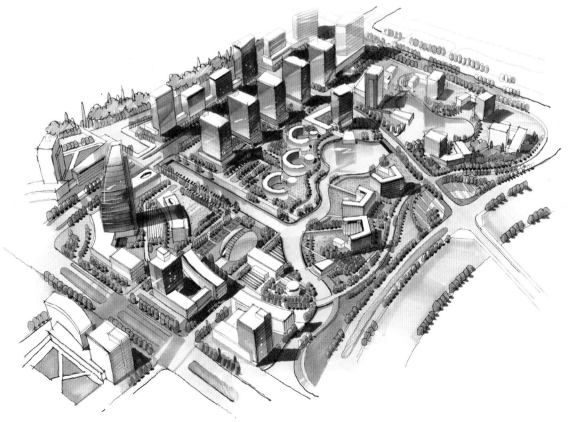

图 5-29 规划鸟瞰图马克笔表现步骤 4（徐志伟绘）

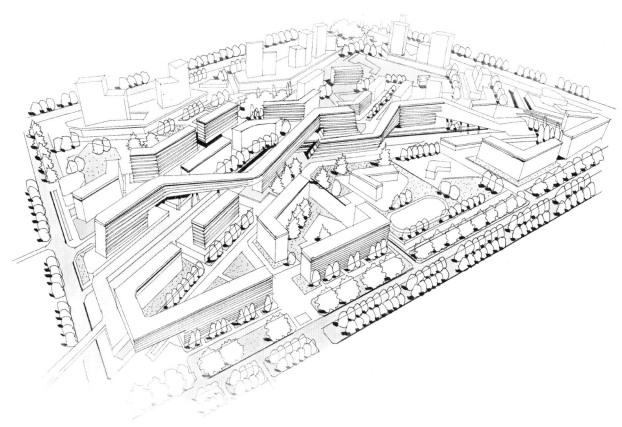

图 5-30 规划鸟瞰图马克笔表现步骤 1（徐志伟绘）

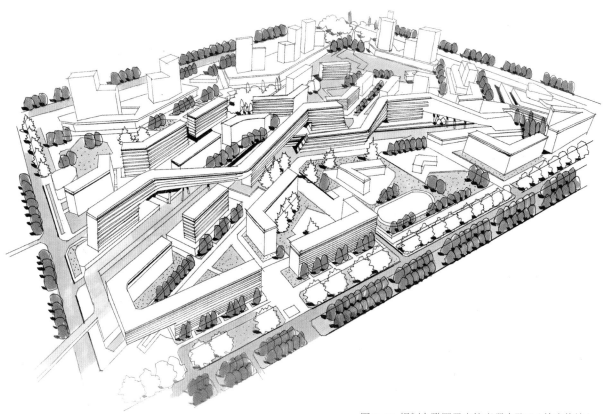

图 5-31 规划鸟瞰图马克笔表现步骤 2（徐志伟绘）

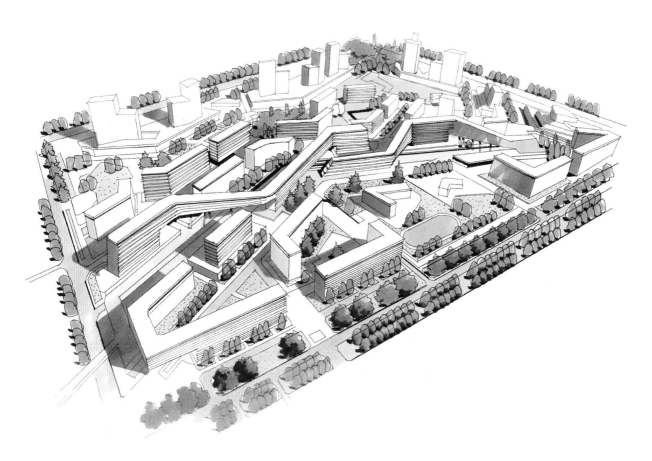

图 5-32 规划鸟瞰图马克笔表现步骤 3（徐志伟绘）

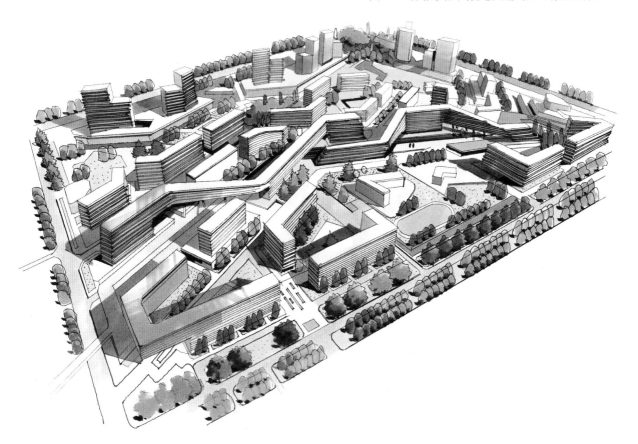

图 5-33 规划鸟瞰图马克笔表现步骤 4（徐志伟绘）

图 5-34 规划鸟瞰图马克笔表现（一）（徐艳绘）

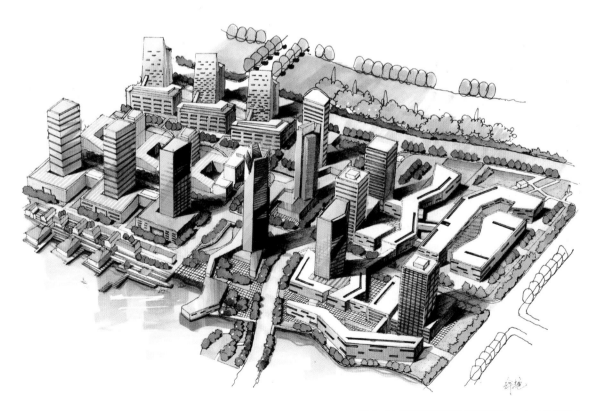

图 5-35 规划鸟瞰图马克笔表现（二）（徐艳绘）

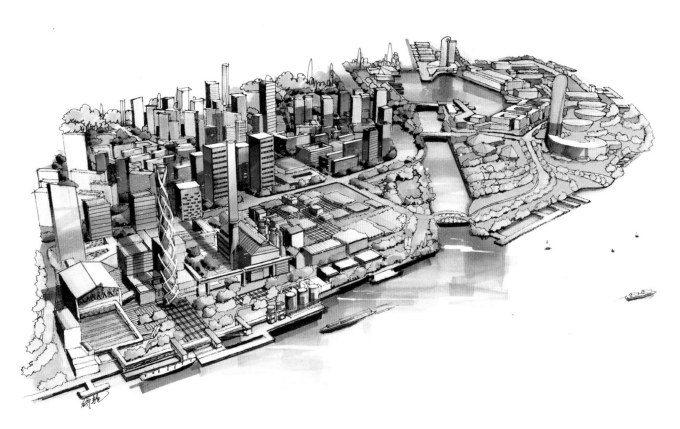

图 5-36 规划鸟瞰图马克笔表现（三）（徐艳绘）

图 5-37 规划鸟瞰图马克笔表现（四）（徐艳绘）

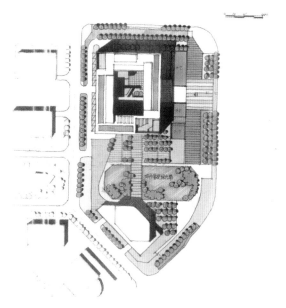

要点：

【方案表现】方案套图表现是练习设计手绘的目的，学校的课题设计正图表达、设计周快题设计、考研快题、入职考试等均属于整体方案表现，区别在于时间的长短。

进行方案表现时，根据时间长短不同，对画面细节的把握程度也不同，但基础色调控制的原理是一样的。上色可分为单色冷调、单色暖调和复合色调三种类型。

由于方案的图纸较多，色调上的统一性尤为重要。马克笔选择不能过多，图纸中相同材质在不同的图纸里用色（如平面图与透视图中相同区域地面的铺装颜色、立面图与透视图中建筑玻璃相同区域的用色、平面图与透视图中植物的用色）应保持一致，以提高画面的整体性。

图 5-38 建筑方案表现（一）（徐志伟绘）

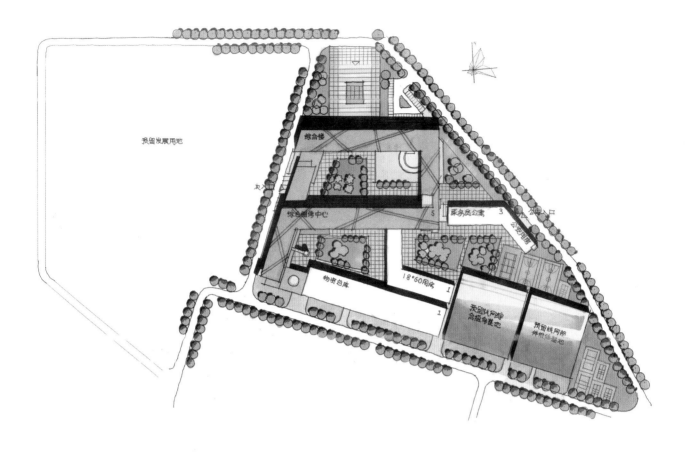

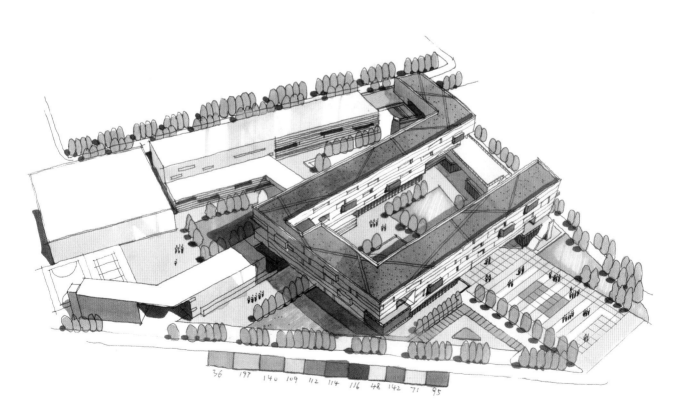

图 5-39 建筑方案表现（二）（徐志伟绘）

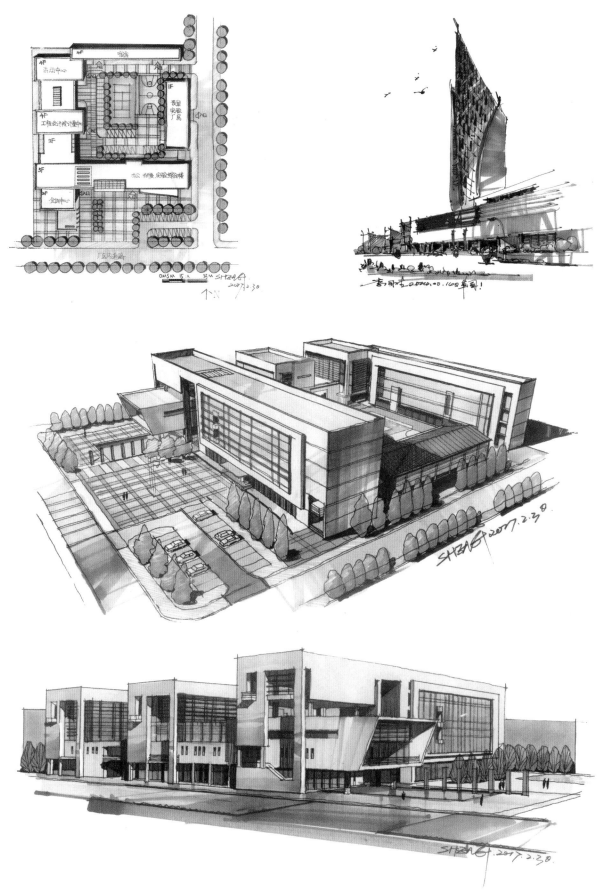

图 5-40 建筑方案表现（三）（李国胜绘）

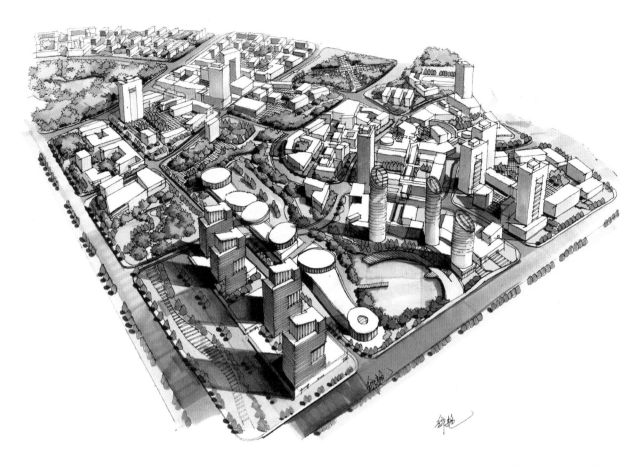

图 5-41 建筑方案表现（四）（徐艳绘）

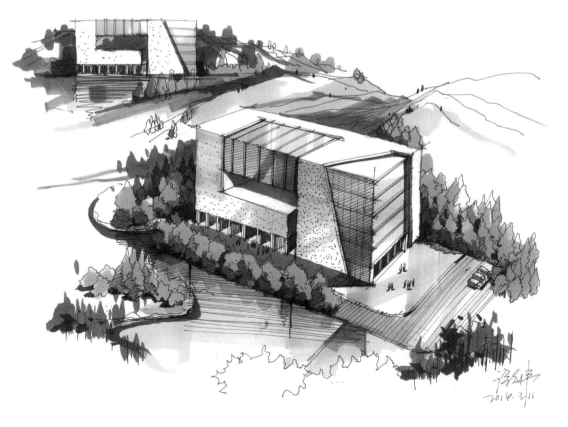

图 5-42 建筑方案表现（五）（徐志伟绘）

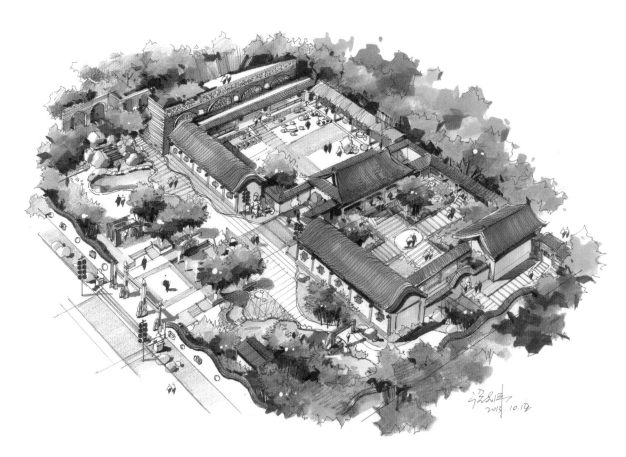

图 5-43 建筑鸟瞰图表现（一）（徐志伟绘）

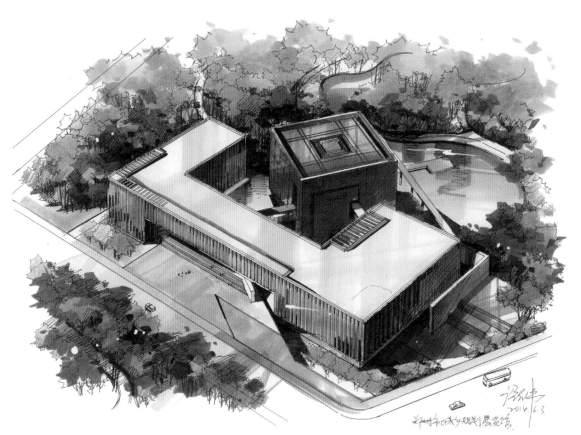

图 5-44 建筑鸟瞰图表现（二）（徐志伟绘）

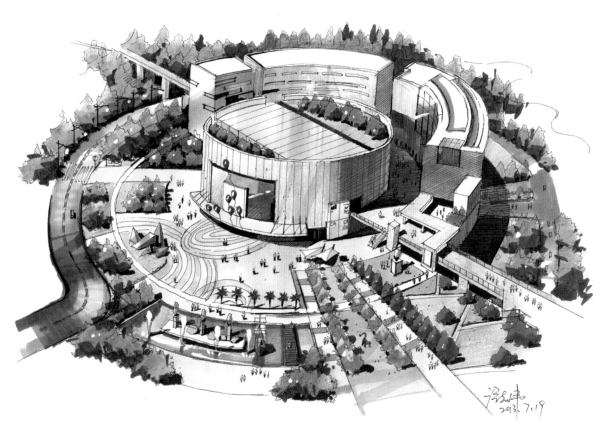

图 5-45 建筑鸟瞰图表现（三）（徐志伟绘）

图 5-46 建筑鸟瞰图表现（四）（徐志伟绘）

图 5-47 建筑鸟瞰图表现（五）（徐志伟绘）

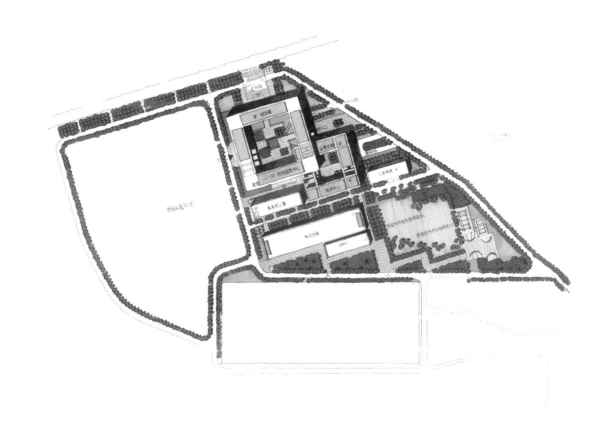

图 5-48 建筑方案表现（徐志伟绘）

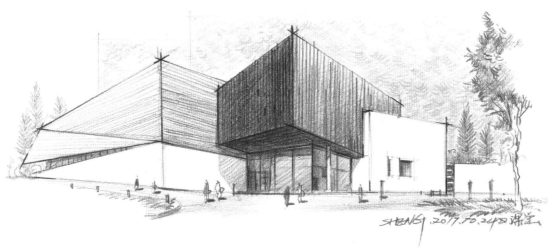

图 5-49 双色彩铅建筑表现（李国胜绘）

图 5-50 滨水建筑鸟瞰图表现（徐志伟绘）

图 5-51 广场规划景观设计（徐志伟绘）

图 5-52 小区景观规划步骤 1（徐志伟绘）

图 5-53 小区景观规划步骤 2（徐志伟绘）

图 5-54 小区景观规划步骤 3（徐志伟绘）

图 5-55 小区景观规划步骤 4（徐志伟绘）

图 5-56 小区景观规划步骤 5（徐志伟绘）

图 5-57 规划鸟瞰图表现（一）（李国胜绘）

图 5-58 规划鸟瞰图表现（二）（李国胜绘）

图 5-59 规划鸟瞰图表现（三）（李国胜绘）

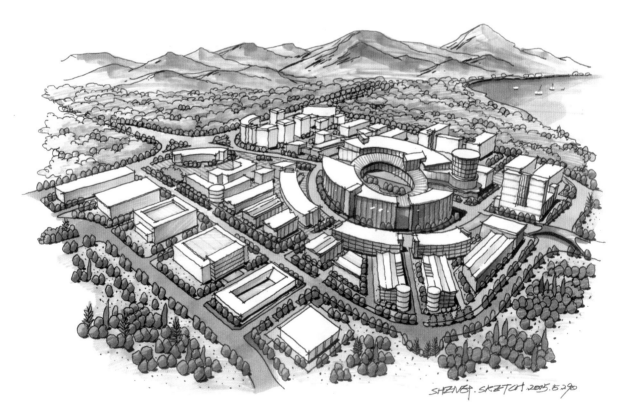

图 5-60 规划鸟瞰图表现（四）（李国胜绘）

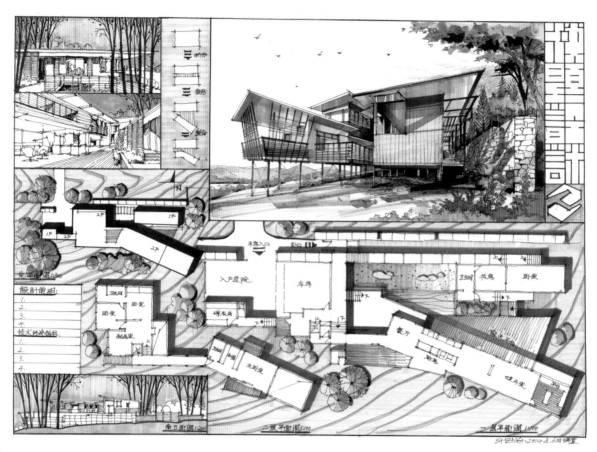

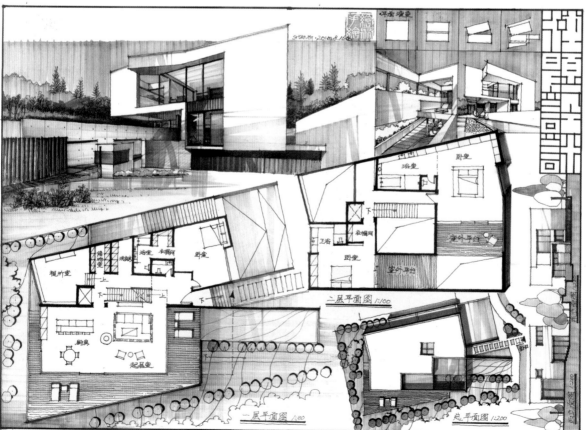

图 5-61 A2 建筑方案记录表现（一）（李国胜绘）

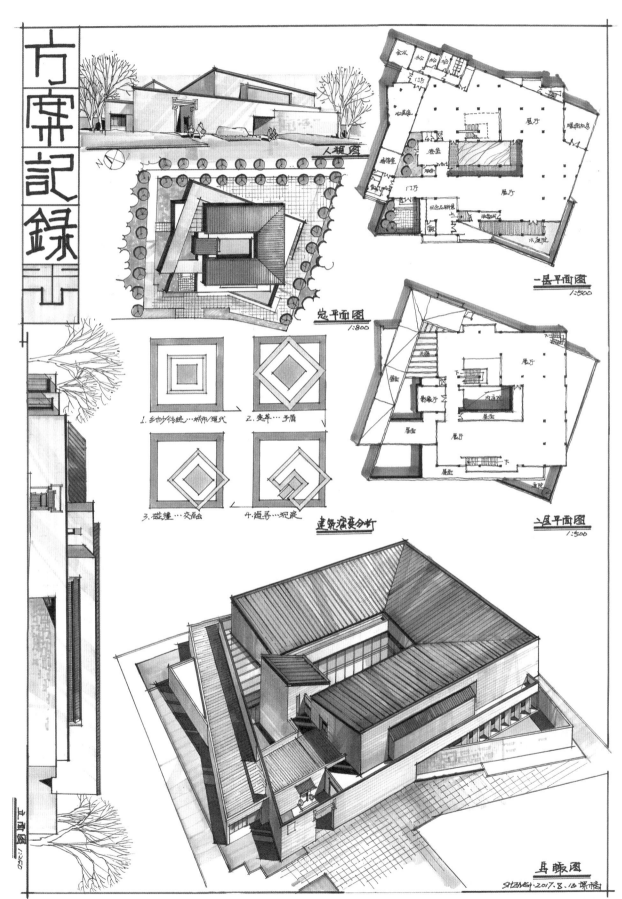

图 5-62 A2 建筑方案记录表现（二）（李国胜绘）

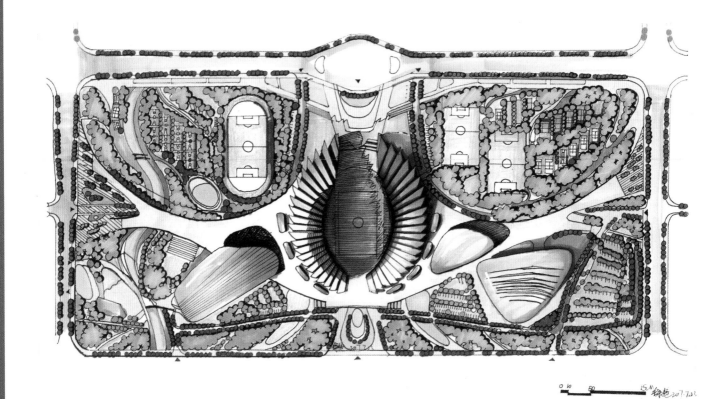

图 5-63 规划方案表现（一）（徐艳绘）

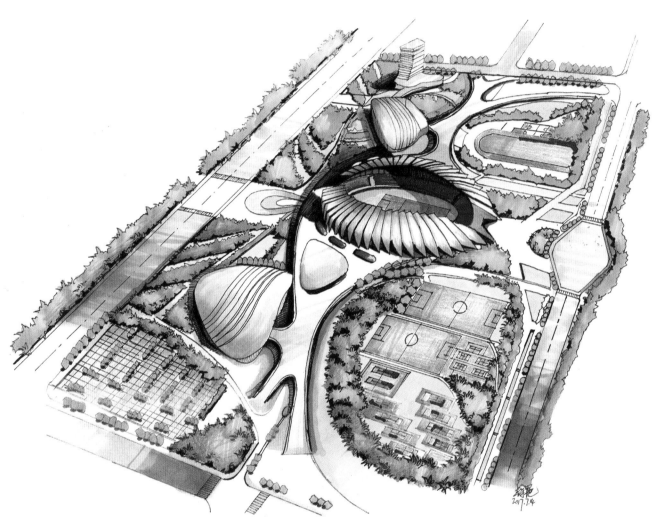

图 5-64 规划方案表现（二）（徐艳绘）

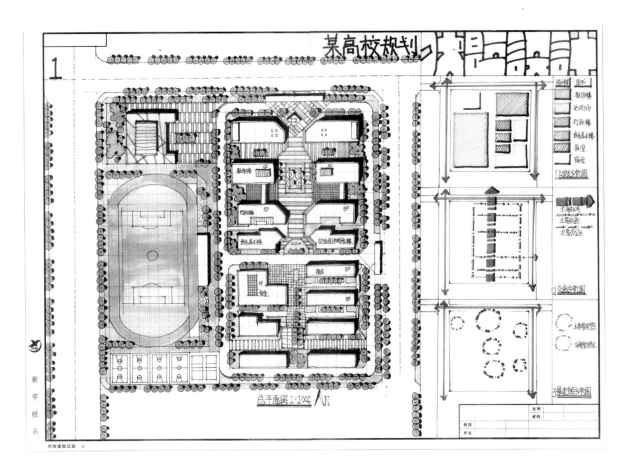

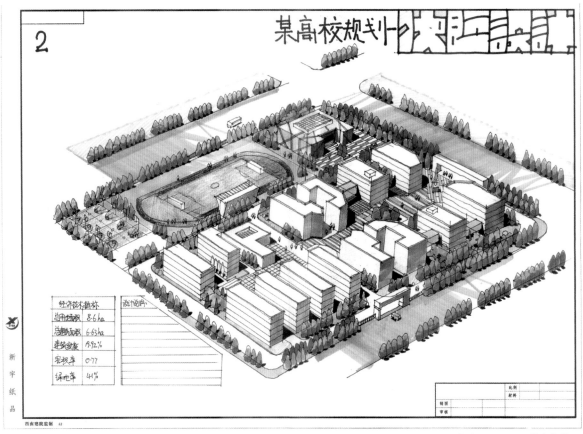

图 5-65 规划方案表现（三）（徐志伟绘）